时标上的共形分数阶Sobolev 空间及应用

周见文　王艳宁　李永昆　著

科学出版社

北　京

内 容 简 介

本书旨在建立应用变分方法研究时标上的共形分数阶微分方程边值问题的工作空间,并应用变分方法研究时标上的共形分数阶微分方程边值问题解的存在性和多解性. 首先,我们完善了时标上的共形分数阶微积分的一些性质. 其次,我们在时标上的共形分数阶微积分理论的基础上建立了时标上的共形分数阶 Sobolev 空间,研究了该空间的完备性、自反性、一致凸性、嵌入定理以及其上满足一定形式的泛函的连续可微性等重要性质. 最后,作为其在变分方法中的应用,我们在这类空间上构造了时标上的共形分数阶 p-Laplacian 微分方程边值问题、时标上的共形分数阶 Hamiltonian 系统、时标上的脉冲共形分数阶 Hamiltonian 系统、时标上具受迫项的共形分数阶 Hamiltonian 系统、时标上的共形分数阶脉冲阻尼振动问题等五类时标上的共形分数阶微分方程边值问题的变分泛函,应用临界点理论研究其解的存在性和多解性,并举例说明所给条件的合理性和有效性.

本书可作为高等院校理工科研究生以及教师从事科学研究工作时的参考书,也可供从事相关理论和应用研究的科研人员使用.

图书在版编目(CIP)数据

时标上的共形分数阶 Sobolev 空间及应用 / 周见文, 王艳宁, 李永昆著.
—北京: 科学出版社, 2019.4
　ISBN 978-7-03-061059-1

Ⅰ. ①时… Ⅱ. ①周… ②王… ③李… Ⅲ.①微分方程-边值问题-研究
Ⅳ. ①O175.8

中国版本图书馆 CIP 数据核字 (2019) 第 073250 号

责任编辑: 胡庆家 / 责任校对: 彭珍珍
责任印制: 吴兆东 / 封面设计: 陈　敬

科学出版社 出版
北京东黄城根北街 16 号
邮政编码: 100717
http://www.sciencep.com

北京厚诚则铭印刷科技有限公司 印刷
科学出版社发行　各地新华书店经销
*
2019 年 4 月第 一 版　开本: 720×1000　1/16
2024 年 2 月第二次印刷　印张: 10 1/2
字数: 130 000
定价:78.00 元
(如有印装质量问题, 我社负责调换)

前　　言

变分方法是研究时标上的共形分数阶微分方程边值问题可解性的有效方法. 应用变分方法研究时标上的共形分数阶微分方程边值问题时, Sobolev 空间是最基本的工具. 时标上的共形分数阶 Sobolev 空间作为构造时标上的共形分数阶微分方程边值问题对应变分泛函的工作空间, 在研究时标上的共形分数阶微分方程边值问题解的存在性和多解性时起着重要的作用. 关于 Sobolev 空间理论的研究, 诸多研究者做出了很多研究成果, 但据我们所知, 目前在国内还没有关于时标上的共形分数阶 Sobolev 空间方面的中文专著出版, 为填补这一不足, 我们尝试撰写此书, 希望本书的出版能为从事时标上的共形分数阶微分方程边值及相关领域研究与应用的科研工作者提供理论工具, 进一步丰富时标及共形分数阶微分方程相关领域的理论和研究. 与此同时, 我们也希望通过本书的出版吸引更多的学者, 壮大时标上的共形分数阶微分方程及相关领域的研究队伍.

本书是云南大学的周见文教授、李永昆教授和昆明医科大学王艳宁老师一同编著的, 旨在建立应用变分方法研究时标上的共形分数阶微分方程边值问题的工作空间, 并应用变分方法研究时标上的共形分数阶微分方程边值问题解的存在性和多解性. 本书主要包括三部分内容. 第一部分 (第 1 章) 介绍分数阶微积分的研究背景. 第二部分 (第 2 章) 完善时标上的共形分数阶微积分的一些性质, 并在时标上的共形分数阶微积分理论的基础上建立时标上的共形分数阶 Sobolev 空间, 研究该空间的完备性、自反性、一致凸性、嵌入定理以及其上满足一定形式的泛函的连续可微性等重要性质. 第三部分 (第 3 章至第 7 章) 作为共形分数阶 Sobolev 空间理论在变分法中的应用, 我们在这类空间上构造了时标上的共形分数阶 p-Laplacian 微分方程边值问题、时标上的共形分数阶 Hamiltonian 系统、时标上的脉冲共形分数阶 Hamiltonian 系统、时标上具受迫项的共形分数阶 Hamiltonian 系统、时标上的共形分数阶脉冲阻尼振动问题等五类时标上的共形分数阶微分方程边值问题的变分泛函, 应用临界点理论研究其解的存在性和多解性, 并举例说明所给条件的合理性和有效性.

　　本书的出版得到了国内外同行专家的大力支持, 在此表示衷心感谢.

　　本书的出版得到了云南大学一流大学建设数学学科建设项目 (C176 210208)、云南省中青年学术和技术带头人后备人才项目 (2015HB010)、国家自然科学基金项目 (11561072) 和云南省应用基础研究面上项目 (2016FB011) 的经费资助.

　　本书可作为高等院校理工科研究生以及教师从事科学研究工作时的参考书, 希望能对时标上的共形分数阶微分方程边值及相关领域的学习、教学及应用有所帮助.

作　者

2019 年 2 月

目　　录

第1章 导　　论

1.1　时标上的整数阶微积分简述

经济学、生物学、生态学、天文学等领域中的动力学模型的变量除了纯连续的和纯离散的情形之外, 还有连续和离散的混合情形. 因此, 微分方程模型和差分方程模型不能完全描述这些领域中的动力学过程. 为了统一微分方程和差分方程的研究, 并将微分方程和差分方程的理论推广到变量是连续和离散的混合情形, Aulbach 和 Hilger 在文献 [1] 和 [2] 中创立了时标的概念和时标上的微积分理论, 并在文献 [3] 和 [4] 中给出了时标上的微积分和微分方程的一系列重要概念和性质. 时标 $\mathbb{T}$ 是实数集 $\mathbb{R}$ 的非空闭子集, 并遗传 $\mathbb{R}$ 的拓扑. 除了 $\mathbb{T} = \mathbb{R}$ 和 $\mathbb{T} = \mathbb{Z}$ 这两个常见的时标特例外, 还有很多其他形式的时标, 如 $\mathbb{T} = \bigcup\limits_{k=0}^{\infty} [3k, 3k+2]$ 等. 时标及时标上的微积分的上述特点决定了其在经济学、生物学、生态学、天文学等学科中的重要作用 (可参见文献 [1], [5], [6]). 自时标的概念和时标上的微积分创立以来, 时标上的动力学方程引起了许多学者的广泛关注, 时标上的动力学方程理论得以不断发展和完善, 可参见文献 [7]—[19] 及其相关文献. 尽管如此, 这只是关于时标上的整数阶动力方程的研究结果. 时标上的分数阶动力方程的研究结果还不多见 (参见文献 [20], [21]).

1.2　分数阶微积分的历史背景与分数阶微分方程的研究现状

整数阶微积分是在数学家牛顿和莱布尼兹分别在研究力学和几何学

过程中建立起来的. 随着微积分理论的不断发展, 很多实际问题的数学
模型都可以用整数阶微分方程 (动力系统) 描述. 无论是整数阶微分方程
(动力系统) 的理论研究还是数值求解都已有比较完善的理论. 但从整数
阶导数的定义看, 其定义是局部性的, 不适合描述具有记忆性的动力学过
程, 如关于信号处理的动力学过程. 因此, 当我们用整数阶微分方程 (动
力系统) 对材料、系统控制、系统识别等领域中的问题进行描述时, 就会
遇到很大的困难. 分数阶微分方程就能克服这一困难, 而且还能弥补整数
阶微分方程在研究这些问题时所存在的不足之处. 比如, 黎曼–刘维尔分
数阶导数, 从定义上看, 是微分和积分的卷积算子, 其中积分能够充分体
现出被求导函数对变量的历史依赖性, 是具有记忆性的动力学过程建模
的有力工具.

　　关于分数阶微分方程, 应从分数阶微积分谈起. 1695 年, 洛必达在给
莱布尼兹的信函中提到 “对 $f(x) = x$, 如果求导的阶数不是整数阶, 是 $\dfrac{1}{2}$
时情况如何?” 这一问题, 在这样的情形下, 分数阶导数被首次提出. 直至
1832 年, 刘维尔才回答了这一问题, 创立了分数阶微积分, 解决了势理论
问题. 分数阶微积分是对整数阶微积分的推广 [22]. 从其发展历史看, 几
乎与整数阶相同, 因而, 分数阶微积分是个古老的课题. 然而, 分数阶微
积分发展至今天, 才在越来越多的应用学科背景的影响下, 得到数学界的
重视和广泛关注. 从这一角度看, 分数阶微积分及其相关理论又是一个
前沿的新颖课题. 近年来, 分数阶微分方程越来越多地被用于描述系统识
别、系统控制、信号处理、光学、热学、材料学、医疗工程学以及流变学
等领域中的问题, 尤其是从实际问题中抽象出来的分数阶微分方程, 倍受
众多研究者的广泛关注 [23–31]. 分数阶微分方程理论发展的同时, 分数
阶差分方程理论也随之发展起来. 随着分数阶差分方程理论研究的深入,

其重要性已引起了人们更为广泛的关注 [32,33]. 随着分数阶微分方程和分数阶差分方程在越来越多的应用科学中的应用, 分数阶微分方程和分数阶差分方程解的研究显得尤为必要. 但是, 如前所示, 很多动力学过程的变量是连续和离散的混合过程, 研究时标上的分数阶微分方程解的性态更为有用. 而问题是: 分数阶微积分的形式有很多, 如黎曼–刘维尔分数阶微积分、卡普托分数阶微积分、格伦沃尔德–列特尼科夫分数阶微积分、哈达姆分数阶微积分、黎斯分数阶微积分、韦尔分数阶微积分和甘加尔分数阶微积分等, 在实际应用中各有优势, 但不能相互统一 [34]. 这就涉及定义哪一种时标上的分数阶微积分的问题. 在文献 [35] 中, 作者引入了 $\mathbb{R}$ 上的共形分数阶微积分并给出其相关应用举例. 为了统一和推广 Hilger 微积分与文献 [35] 中提出的 $\mathbb{R}$ 上的共形分数阶微积分, 文献 [34] 给出了时标 $\mathbb{T}$ 上的共形分数阶微积分及其若干性质. 这就使得研究时标上的共性分数阶微分方程解的存在性成为必要的和可能的.

1.3　建立时标上的共形分数阶 Sobolev 空间的必要性

研究 $\mathbb{R}$ 上的分数阶微分方程边值问题解的存在性和多解性的方法有很多, 如上下解方法、单调迭代方法 [36]、不动点理论 [37]、Leray-Schauder 度理论 [38]、临界点理论 [39] 等. 遗憾的是, 据我们所知, 到至今为止, 还没有研究者应用变分方法中的临界点理论研究时标上的在任何意义下的分数阶微分方程边值问题解的存在性和多解性, 时标上的共形分数阶微分方程边值问题也不例外. 一个重要原因在于没有一个已有的工作空间可用于构造时标上的共形分数阶微分方程边值问题所对应的变分泛函. 而 Sobolev 空间是应用变分方法研究常微分方程、偏微分方程, 乃至差分方程可解性的重要而基本的工具, 可参见文献 [40]— [43]. $\mathbb{R}$ 上的闭区间 $[0, T]$ 上的 Sobolev 空间见文献 [41]. 为了研究时标上的整数阶微分方程边值问题的可解性, 文献 [42] 给出了时标上的整数阶 Sobolev 空间, 研究了其相关性质, 并给出其在利用变分方法研究时标上的整数阶微分方程边值问题的一些应用. 在文献 [43] 中, 作者定义了 $\mathbb{R}$ 上的卡普托分数阶 Sobolev 空间, 研究了其若干性质, 并将其作为工作空间应用临界点理论研究了卡普托分数阶微分方程边值问题的可解性. 受上述研究成果的启发, 我们试图居于文献 [34] 给出的时标 $\mathbb{T}$ 上的共形分数阶微积分及其性质, 建立时标 $\mathbb{T}$ 上的共形分数阶 Sobolev 空间. 搭建时标上的共形分数阶微分方程边值问题变分方法的研究框架, 为应用变分方法中的临界点理论研究时标上的共形分数阶微分方程边值问题奠定理论基础, 提出了一套研究时标上的共形分数阶微分方程边值问题的行之有效的新方法.

1.4 本书的主要工作

本书首先完善文献 [34] 中给出的时标 $\mathbb{T}$ 上的共形分数阶微积分的性质, 然后建立时标 $\mathbb{T}$ 的闭区间上的共形分数阶 Sobolev 空间, 研究其完备性、自反性、一致凸性、嵌入定理以及其上一类泛函的连续可微性等重要性质. 作为其在变分理论中的应用, 我们将其作为构造变分泛函的工作空间, 应用变分方法中的临界点定理研究时标上的共形分数阶 p-Laplacian 微分方程边值问题、时标上的共形分数阶 Hamiltonian 系统、时标上的脉冲共形分数阶 Hamiltonian 系统、时标上具受迫项的共形分数阶 Hamiltonian 系统及时标上的共形分数阶脉冲阻尼振动问题的可解性, 给出其解存在的判定条件, 统一和推广连续整数阶 Hamiltonian 系统与离散整数阶 Hamiltonian 系统以及连续共形分数阶 Hamiltonian 系统与离散共形分数阶 Hamiltonian 的研究, 为研究时标上的共形分数阶微分方程的数值解提供理论依据, 提出研究时标上的共形分数阶微分方程边值问题的新思路.

第2章 时标上的共形分数阶 Sobolev 空间及其相关性质

2.1 引　言

本章中, 首先介绍时标上的函数的共形分数阶微积分的相关概念和性质. 其次给出时标上的向量值函数的共形分数阶导数、积分等相关定义, 并且推导出其诸如分部积分法等相关性质. 在给出时标上的向量值函数的共形分数阶微积分和相关性质的基础上, 引入时标上的共形分数阶 Sobolev 空间, 证明该空间在所给范数下的完备性、一致凸性、嵌入定理以及定义在其上的一类泛函的连续可微性等. 本章及后文中, 我们假定 $a, b \in \mathbb{T}, 0 < a < b$, 并使用如下记号: $\mathbb{T}^+ = \mathbb{T} \cap [0, +\infty)$; 当 $D \subseteq \mathbb{R}$ 时, 我们记 $D_{\mathbb{T}} = D \cap \mathbb{T}$; 假设 $t \in \mathbb{T}$ 并且 $\delta > 0$, 记 t 在时标 $\mathbb{T}$ 上的 δ-邻域为

$$\mathcal{V}_t(\delta) = (t - \delta, t + \delta) \cap \mathbb{T}.$$

2.2 时标上的整数阶微积分的相关概念

本节里, 我们给出后面需要用到的时标上的整数阶微积分 (Hilger-微积分) 的相关概念.

定义 2.1([3, 定义 1.1])　若 $t \in \mathbb{T}$, 那么, 前跳跃算子 $\sigma : \mathbb{T} \to \mathbb{T}$ 定

义如下:

$$\sigma(t) = \inf\{s \in \mathbb{T}, s > t\}, \quad \forall t \in \mathbb{T},$$

后跳跃算子 $\rho : \mathbb{T} \to \mathbb{T}$ 定义如下:

$$\rho(t) = \sup\{s \in \mathbb{T}, s < t\}, \quad \forall t \in \mathbb{T}.$$

(补充定义 $\inf \varnothing = \sup \mathbb{T}$, $\sup \varnothing = \inf \mathbb{T}$, 其中 $\varnothing$ 表示空集). 点 $t \in \mathbb{T}$, 若 $\sigma(t) > t$, 则称点 t 是右离散的; 若 $\rho(t) < t$, 则称点 t 是左离散的. 既右离散又左离散的点称为孤立点. 若 $t < \sup \mathbb{T}$ 且 $\sigma(t) = t$, 则称点 t 是右稠密的; 若 $t > \inf \mathbb{T}$ 且 $\rho(t) = t$, 则称点 t 是左稠密的. 既右稠密又左稠密的点称为稠密点. $\mathbb{T}^{\kappa}$ 定义如下: 当 $\mathbb{T}$ 有左离散最大值点 m 时, $\mathbb{T}^{\kappa} = \mathbb{T} - \{m\}$, 当 $\mathbb{T}$ 没有左离散最大值点时, $\mathbb{T}^{\kappa} = \mathbb{T}$. 函数 $\mu : \mathbb{T} \to [0, \infty)$ 定义为

$$\mu(t) = \sigma(t) - t,$$

称为精细度函数.

定义 2.2([3, 定义 1.10]) 设函数 $f : \mathbb{T} \to \mathbb{R}$, 并且 $t \in \mathbb{T}^{\kappa}$. 定义 f 在 t 处的 Δ-导数如下: 若 $\forall \epsilon > 0$, 存在 t 的 δ-邻域 $\mathcal{V}_t(\delta)$ 使得当 $s \in \mathcal{V}_t(\delta)$ 时,

$$\left| \left[f(\sigma(t)) - f(s) \right] - f^{\Delta}(t) \left[\sigma(t) - s \right] \right| \leqslant \epsilon |\sigma(t) - s|,$$

则称 $f^{\Delta}(t)$ 为函数 f 在点 t 处的 Δ-导数. 函数 f 在 $\mathbb{T}^{\kappa}$ 上是 Δ-可导的, 如果对所有的 $t \in \mathbb{T}^{\kappa}$, $f^{\Delta}(t)$ 都存在. 函数 $f^{\Delta} : \mathbb{T}^{\kappa} \to \mathbb{R}$ 称为函数 f 在 $\mathbb{T}^{\kappa}$ 上的 Δ-导函数.

定义 2.3([42, 定义 2.3])　若函数 f 是 $\mathbb{T}$ 上的 N 维向量值函数, 即 $f^i : \mathbb{T} \to \mathbb{R}$ $(i = 1, 2, \cdots, N)$, $f(t) = \left(f^1(t), f^2(t), \cdots, f^N(t)\right)$ 且 $t \in \mathbb{T}^\kappa$, 定义 $f^\Delta(t) = \left(f^{1\Delta}(t), f^{2\Delta}(t), \cdots, f^{N\Delta}(t)\right)$. 此时, 称 $f^\Delta(t)$ 为函数 f 在点 t 处的 Δ-导数. 函数 f 在 $\mathbb{T}^\kappa$ 上是 Δ-可导的, 如果对所有的 $t \in \mathbb{T}^\kappa$, $f^\Delta(t)$ 都存在. 函数 $f^\Delta : \mathbb{T}^\kappa \to \mathbb{R}^N$ 称为函数 f 在 $\mathbb{T}^\kappa$ 上的 Δ-导函数.

定义 2.4([3, 定义 2.7])　对函数 $f : \mathbb{T} \to \mathbb{R}$, 如果函数 f^Δ 在 $\mathbb{T}^{\kappa^2} = (\mathbb{T}^\kappa)^\kappa$ 上是 Δ-可导的且 $f^{\Delta^2} = (f^\Delta)^\Delta : \mathbb{T}^{\kappa^2} \to \mathbb{R}$, 则称 f 在 $\mathbb{T}^{\kappa^2}$ 上二阶 Δ-可导.

定义 2.5([42, 定义 2.5])　对函数 $f : \mathbb{T} \to \mathbb{R}^N$, 如果函数 f^Δ 在 $\mathbb{T}^{\kappa^2} = (\mathbb{T}^\kappa)^\kappa$ 上是 Δ-可导的且 $f^{\Delta^2} = (f^\Delta)^\Delta : \mathbb{T}^{\kappa^2} \to \mathbb{R}^N$, 则称 f 在 $\mathbb{T}^{\kappa^2}$ 上二阶 Δ-可导. 函数 $f : \mathbb{T} \to \mathbb{R}^N$ 的三阶及三阶以上的 Δ-导数类似定义.

定义 2.6([42, 定义 2.6])　若函数 $f : \mathbb{T} \to \mathbb{R}^N$ 在 $\mathbb{T}$ 中的右稠密点处连续, 且在 $\mathbb{T}$ 中左稠密点处的左极限存在, 则称该函数为 rd-连续 (右稠密连续) 函数.

2.3　时标上的共形分数阶微积分的概念及其相关性质

我们先引入文献 [34] 中给出的时标上的函数的 α 阶共形分数阶导数, 其中 $\alpha \in (0, 1]$.

定义 2.7([34, 定义 1])　假设 $f : \mathbb{T} \to \mathbb{R}$, $t \in \mathbb{T}^\kappa$ 且 $\alpha \in (0, 1]$. 对 $t > 0$, 定义 $T_\alpha(f)(t)$ (如果其存在) 为具有如下性质的实数: $\forall \epsilon > 0$, 存在 t 在时标 $\mathbb{T}$ 上的某个 δ-领域 $\mathcal{V}_t(\delta) \subset \mathbb{T}$ 使得

$$\left| \left[f(\sigma(t)) - f(s)\right] t^{1-\alpha} - T_\alpha(f)(t)\left[\sigma(t) - s\right] \right| \leqslant \epsilon \left| \sigma(t) - s \right|$$

对一切 $s \in \mathcal{V}_t(\delta)$ 成立. 如果上述实数 $T_\alpha(f)(t)$ 存在, 我们称其为函数 f 在变量 t 处的 α 阶共形分数阶导数, 也称函数 f 在变量 t 处是 α 阶共形可导的. 当 $0 \in \mathbb{T}$ 时, 定义函数 f 在变量 $t = 0$ 处的 α 阶共形分数阶导数 $T_\alpha(f)(0)$ 如下:

$$T_\alpha(f)(0) = \lim_{t \to 0^+} T_\alpha(f)(t).$$

定义 2.8([34, 定义 23]) 若 $\alpha \in (n, n+1], n \in \mathbb{N}$, 且 $f : \mathbb{T} \to \mathbb{R}$ 在变量 $t \in \mathbb{T}^{\kappa^n}$ 处是 n 阶 Δ-可导的, 定义函数 f 在变量 t 处的 α 阶共形分数阶导数如下:

$$T_\alpha(f)(t) := T_{\alpha-n}(f^{\Delta^n})(t).$$

定义 2.9([34, 定义 26]) 设 $f : \mathbb{T}^+ \to \mathbb{R}$ 为正则函数, 则函数 f 的 $\alpha(\alpha \in (0, 1])$ 阶共形分数阶不定积分定义为

$$\int f(t) \Delta^\alpha t := \int f(t) t^{\alpha-1} \Delta t.$$

定义 2.10([34, 定义 28]) 如果函数 $f : \mathbb{T}^+ \to \mathbb{R}$ 是正则函数, 其 $\alpha(\alpha \in (0, 1])$ 阶共形分数阶不定积分记为

$$F_\alpha(t) = \int f(t) \Delta^\alpha t.$$

那么, 对所有的 $a, b \in \mathbb{T}^+$, 将函数 f 的柯西 $\alpha(\alpha \in (0, 1])$ 阶共形分数阶定积分定义为

$$\int_a^b f(t) \Delta^\alpha t = F_\alpha(b) - F_\alpha(a).$$

关于时标上的 Δ-测度 μ_Δ、Δ-可测集、Δ-可测函数和 Δ-积分的相关定义和性质可参见文献 [44].

定义 2.11([45, 定义 2.3])　假设 $B \subset \mathbb{T}$. 如果 $\mu_\Delta(B) = 0$, 则称 B 是 Δ-零测度集. 如果存在 Δ-零测度集 $E_0 \subset B$ 使得性质 P 在 $B \backslash E_0$ 上成立, 则称性质 P 在 B 上 Δ-几乎处处 (Δ-a.e.) 成立.

定义 2.12　设集合 A 是时标 $\mathbb{T}^+$ 上的 Δ-可测集. 函数 $f : \mathbb{T}^+ \to \mathbb{R}$ 在集合 A 上 α 阶共形可积当且仅当函数 $t^{\alpha-1} f$ 在集合 A 上 Δ-可积, 且

$$\int_A f(t)\, \Delta^\alpha t = \int_A f(t) t^{\alpha-1}\, \Delta t.$$

注 2.1　由文献 [46, 附注 (ii)] 和定义 2.12 知, 关于时标上的共形分数阶积分, 各种诸如积分控制收敛定理、Fatou 引理等积分收敛定理都成立.

注 2.2　后面内容中涉及的时标上的共形分数阶积分都是定义 2.12 中定义的时标上的共形分数阶积分.

函数 $f : \mathbb{T} \to \mathbb{R}$ 的共形分数阶微积分具有如下重要性质. 陈述这些性质之前, 为了叙述方便, 我们记

$$C_{\mathrm{rd}}([a,b]_\mathbb{T}, \mathbb{R}) = \left\{ f : [a,b]_\mathbb{T} \to \mathbb{R} : f \text{ 在 } [a,b]_\mathbb{T} \text{ 上 rd-连续} \right\},$$

$$C_0([a,b)_\mathbb{T}, \mathbb{R}) = \left\{ f : [a,b)_\mathbb{T} \to \mathbb{R} : f \text{ 在 } [a,b)_\mathbb{T} \text{ 上连续且具有紧支集} \right\},$$

$$C_{\mathrm{rd}}^\alpha([a,b]_\mathbb{T}, \mathbb{R}) = \Big\{ f \text{ 在 } [a,b]_\mathbb{T} \text{ 上 } \alpha \text{ 阶共形分数阶可导且}$$

$$T_\alpha(f) \in C_{\mathrm{rd}}([a,b]_\mathbb{T}, \mathbb{R}) \Big\},$$

$$C_{0,\mathrm{rd}}^\alpha([a,b]_\mathbb{T}, \mathbb{R}) = \left\{ f \in C_{\mathrm{rd}}^\alpha([a,b]_\mathbb{T}, \mathbb{R}) : f(a) = f(b) = 0 \right\},$$

$$C_{a,b;\mathrm{rd}}^\alpha([a,b]_\mathbb{T}, \mathbb{R}) = \left\{ f \in C_{\mathrm{rd}}^\alpha([a,b]_\mathbb{T}, \mathbb{R}) : f(a) = f(b) \right\}.$$

引理 2.1([34, 定理 4]) 设 $\alpha \in (0,1]$. 如果 $f : \mathbb{T}^+ \to \mathbb{R}$, $t \in \mathbb{T}^\kappa$, 那么下面的性质成立:

(i) 若 $t > 0$, 函数 f 在变量 t 处 α 阶共形分数阶可导, 那么函数 f 在变量 t 处连续.

(ii) 若 t 为时标 $\mathbb{T}$ 的右离散点, 函数 f 在点 t 处连续, 则 f 在点 t 处 α 阶共形分数阶可导且

$$T_\alpha(f)(t) = \frac{f(\sigma(t)) - f(t)}{\mu(t)} t^{1-\alpha}.$$

(iii) 若 t 为时标 $\mathbb{T}$ 的右稠密点, 则 f 在点 t 处 α 阶共形分数阶可导当且仅当极限

$$\lim_{s \to t} \frac{f(t) - f(s)}{t - s} t^{1-\alpha}$$

存在. 此时,

$$T_\alpha(f)(t) = \lim_{s \to t} \frac{f(t) - f(s)}{t - s} t^{1-\alpha}.$$

(iv) 若函数 f 在变量 t 处 α 阶共形分数阶可导, 则

$$f(\sigma(t)) = f(t) + \mu(t) t^{\alpha-1} T_\alpha(f)(t).$$

引理 2.2([34, 定理 15]) 假定函数 $f, g : \mathbb{T}^+ \to \mathbb{R}$ 都在变量 t 处 α 阶共形分数阶可导, 则有

(i) 函数 f 与 g 的和 $f + g : \mathbb{T}^+ \to \mathbb{R}$ 在变量 t 处 α 阶共形分数阶可导且 $T_\alpha(f + g)(t) = T_\alpha(f)(t) + T_\alpha(g)(t)$;

(ii) 对任意实数 λ, λ 与函数 f 的积 $\lambda f : \mathbb{T}^+ \to \mathbb{R}$ 在变量 t 处 α 阶共形分数阶可导且 $T_\alpha(\lambda f)(t) = \lambda T_\alpha(f)(t)$;

(iii) 如果函数 f 和 g 在变量 t 处连续, 则函数 f 与 g 的积 fg : $\mathbb{T}^+ \to \mathbb{R}$ 在变量 t 处 α 阶共形分数阶可导且

$$T_\alpha(fg)(t) = T_\alpha(f)g(t) + (f \circ \sigma)T_\alpha(g)(t)$$
$$= T_\alpha(f)(g \circ \sigma)(t) + (f)T_\alpha(g)(t);$$

(iv) 如果 f 在变量 t 处连续, $f(f \circ \sigma)(t) \neq 0$, 则函数 $\dfrac{1}{f}$ 在变量 t 处 α 阶共形分数阶可导且

$$T_\alpha\left(\frac{1}{f}\right) = -\frac{T_\alpha(f)}{f(f \circ \sigma)};$$

(v) 如果函数 f 和 g 在变量 t 处连续, 且 $g(g \circ \sigma) \neq 0$, 则函数 $\dfrac{f}{g}$ 在变量 t 处 α 阶共形分数阶可导且

$$T_\alpha\left(\frac{f}{g}\right) = \frac{T_\alpha(f)g - fT_\alpha(g)}{g(g \circ \sigma)}.$$

引理 2.3([34, 定理 25])　设 $\alpha \in (n, n+1], n \in \mathbb{N}$, 函数 f 在变量 t 处 $n+1$ 阶 Δ-可导, 则下面的关系成立:

$$T_\alpha(f)(t) = t^{1+n-\alpha} f^{\Delta^{1+n}}(t). \tag{2.3.1}$$

注 2.3　在 (2.3.1) 式中, 取 $n = 0$, 可得 $T_\alpha(f)(t) = t^{1-\alpha} f^\Delta(t), \alpha \in (0, 1]$.

引理 2.4([34, 定理 30])　设 $\alpha \in (0, 1]$, 则对任意一个右稠连续函数 $f : \mathbb{T}^+ \to \mathbb{R}$, 都存在函数 $F_\alpha : \mathbb{T}^+ \to \mathbb{R}$ 使得

$$T_\alpha(F_\alpha)(t) = f(t)$$

对一切的 $t \in \mathbb{T}^\kappa$ 成立. 这里, 函数 F_α 叫做函数 f 的 α-原函数.

引理 2.5([34, 定理 31]) 若 $\alpha \in (0,1], a, b, c \in \mathbb{T}^+, \lambda \in \mathbb{R}$, 函数 $f, g : \mathbb{T}^+ \to \mathbb{R}$ 为右稠连续函数, 则有

(i) $\displaystyle\int_a^b [f(t) + g(t)] \Delta^\alpha t = \int_a^b f(t) \Delta^\alpha t + \int_a^b g(t) \Delta^\alpha t;$

(ii) $\displaystyle\int_a^b \lambda f(t) \Delta^\alpha t = \lambda \int_a^b f(t) \Delta^\alpha t;$

(iii) $\displaystyle\int_a^b f(t) \Delta^\alpha t = - \int_b^a f(t) \Delta^\alpha t;$

(iv) $\displaystyle\int_a^b f(t) \Delta^\alpha t = \int_a^c f(t) \Delta^\alpha t + \int_c^b f(t) \Delta^\alpha t;$

(v) $\displaystyle\int_a^a f(t) \Delta^\alpha t = 0;$

(vi) 如果存在函数 $g : \mathbb{T}^+ \to \mathbb{R}$ 使得

$$|f(t)| \leqslant g(t)$$

对一切 $t \in [a, b]_\mathbb{T}$ 成立, 那么

$$\left| \int_a^b f(t) \Delta^\alpha t \right| \leqslant \int_a^b g(t) \Delta^\alpha t;$$

(vii) 如果对一切 $t \in [a, b]_\mathbb{T}$ 都有 $f(t) > 0$, 那么

$$\int_a^b f(t) \Delta^\alpha t \geqslant 0.$$

引理 2.6([34, 定理 33]) 如果对所有 $t \in [a, b]_\mathbb{T}$ 均有 $T_\alpha(f)(t) \geqslant 0$, 则函数 f 在区间 $[a, b]_\mathbb{T}$ 上是单调增加的.

定理 2.1 若函数 $f : \mathbb{T} \to \mathbb{R}$ 满足如下条件:

(i) f 在区间 $[a, b]_\mathbb{T}$ 上连续;

(ii) f 在区间 $(a, b)_\mathbb{T}$ 上 α ($\alpha \in (0, 1)$) 阶共形分数阶可导;

(iii) $f(a) = f(b)$,

则至少存在 $\xi, \tau \in [a,b)_{\mathbb{T}}$ 使得

$$T_\alpha(f)(\xi) \leqslant 0 \leqslant T_\alpha(f)(\tau).$$

证明　因为函数 f 在实数集 $\mathbb{R}$ 的紧子集 $[a,b]_{\mathbb{T}}$ 上连续, 所以函数 f 在区间 $[a,b]_{\mathbb{T}}$ 上可取得最大值 M 和最小值 m. 即存在 $\xi, \tau \in [a,b]_{\mathbb{T}}$ 使得 $m = f(\xi)$ 且 $M = f(\tau)$. 而 $f(a) = f(b)$, 不妨假设 $\xi, \tau \in [a,b)_{\mathbb{T}}$. 由引理 2.6 知

$$T_\alpha(f)(\xi) \leqslant 0 \leqslant T_\alpha(f)(\tau). \qquad \blacksquare$$

定理 2.2(中值定理)　若函数 $f : \mathbb{T} \to \mathbb{R}$ 满足如下条件:

(i) f 在区间 $[a,b]_{\mathbb{T}}$ 上连续;

(ii) f 在区间 $(a,b)_{\mathbb{T}}$ 上 α $(\alpha \in (0,1])$ 阶共形分数阶可导,

则存在 $\xi, \tau \in [a,b)_{\mathbb{T}}$ 使得

$$T_\alpha(f)(\xi) \leqslant \frac{f(b) - f(a)}{b - a} \leqslant T_\alpha(f)(\tau), \quad \alpha = 1,$$

及

$$T_\alpha(f)(\xi) \leqslant \frac{f(b) - f(a)}{b - a} \xi^{1-\alpha}, \quad \frac{f(b) - f(a)}{b - a} \tau^{1-\alpha} \leqslant T_\alpha(f)(\tau), \quad 0 < \alpha < 1.$$

证明　根据引理 2.3, 我们有

$$T_\alpha(t) = \begin{cases} t^{1-\alpha}, & 0 < \alpha < 1, \\ 1, & \alpha = 1. \end{cases} \tag{2.3.2}$$

令

$$h(t) = f(t) - f(a) - \frac{f(b) - f(a)}{b - a}(t - a).$$

显然, h 在区间 $[a,b]_{\mathbb{T}}$ 上连续且 $h(a)=h(b)$. 由共形分数阶导数的性质可知函数 h 在区间 $(a,b)_{\mathbb{T}}$ 上 α $(\alpha \in (0,1])$ 阶共形分数阶可导. 因此, 由引理 2.2 及 (2.3.2) 式可知

$$T_{\alpha}(h)(t) = \begin{cases} T_{\alpha}(f)(t) - \dfrac{f(b)-f(a)}{b-a}, & \alpha = 1, \\[3mm] T_{\alpha}(f)(t) - \dfrac{f(b)-f(a)}{b-a}t^{1-\alpha}, & 0 < \alpha < 1. \end{cases}$$

经验证, h 满足定理 2.1 的所有条件. 故由定理 2.1 知, 存在 $\xi, \tau \in [a,b]_{\mathbb{T}}$ 使得 $T_{\alpha}(h)(\xi) \leqslant 0 \leqslant T_{\alpha}(h)(\tau)$, 即

$$T_{\alpha}(f)(\xi) \leqslant \frac{f(b)-f(a)}{b-a} \leqslant T_{\alpha}(f)(\tau), \quad \alpha = 1$$

和

$$T_{\alpha}(f)(\xi) \leqslant \frac{f(b)-f(a)}{b-a}\xi^{1-\alpha}, \quad \frac{f(b)-f(a)}{b-a}\tau^{1-\alpha} \leqslant T_{\alpha}(f)(\tau), \quad 0 < \alpha < 1.$$

∎

定义 2.13([45, 定义 2.9]) 如果对任意 $\epsilon > 0$, 总存在 $\delta > 0$, 使得对 $[a,b]_{\mathbb{T}}$ 中互不相交的任意有限个子区间 $\{[a_k,b_k)_{\mathbb{T}}\}_{k=1}^{n}$, 只要 $\sum\limits_{k=1}^{n}(b_k-a_k) < \delta$ 就有 $\sum\limits_{k=1}^{n}\big|f(b_k)-f(a_k)\big| < \epsilon$, 则称函数 $f:[a,b]_{\mathbb{T}} \to \mathbb{R}$ 为区间 $[a,b]_{\mathbb{T}}$ 上的绝对连续函数, 记作 $f \in AC([a,b]_{\mathbb{T}}, \mathbb{R})$.

引理 2.7([45, 定理 2.10]) 函数 $f:[a,b]_{\mathbb{T}} \to \mathbb{R}$ 是 $[a,b]_{\mathbb{T}}$ 上的绝对连续函数当且仅当 f 在 $[a,b)_{\mathbb{T}}$ 上 Δ-几乎处处 Δ-可导, $f^{\Delta} \in L^1_{\Delta}([a,b)_{\mathbb{T}}, \mathbb{R})$, 且

$$f(t) = f(a) + \int_{[a,t)_{\mathbb{T}}} f^{\Delta}(s)\,\Delta s, \quad \forall t \in [a,b]_{\mathbb{T}}.$$

定理 2.3　假设函数 $f : [a,b]_{\mathbb{T}} \to \mathbb{R}$ 在区间 $[a,b]_{\mathbb{T}}$ 上绝对连续, 那么函数 f 在区间 $[a,b)_{\mathbb{T}}$ 上 Δ-几乎处处 $\alpha(\alpha \in (0,1])$ 阶共形分数阶可导, 而且如下公式成立:

$$f(t) = f(a) + \int_{[a,t)_{\mathbb{T}}} T_\alpha(f)(s)\, \Delta^\alpha s, \quad \forall t \in [a,b]_{\mathbb{T}}.$$

证明　由于 f 在区间 $[a,b]_{\mathbb{T}}$ 上绝对连续, 由引理 2.7 可知, f 在区间 $[a,b)_{\mathbb{T}}$ 上 Δ-几乎处处 Δ-可导. 因此, 由注 2.3 可看出, f 在区间 $[a,b)_{\mathbb{T}}$ 上 Δ-几乎处处 $\alpha(\alpha \in (0,1])$ 阶共形分数阶可导. 故定义 2.10 蕴含

$$f(t) = f(a) + \int_{[a,t)_{\mathbb{T}}} T_\alpha(f)(s)\, \Delta^\alpha s, \quad \forall t \in [a,b]_{\mathbb{T}}.\qquad\blacksquare$$

引理 2.8([45, 定理 2.11])　如果函数 $f, g : [a,b]_{\mathbb{T}} \to \mathbb{R}$ 在区间 $[a,b]_{\mathbb{T}}$ 上绝对连续, 那么 fg 在区间 $[a,b]_{\mathbb{T}}$ 上也是绝对连续的, 并且有如下等式成立:

$$\int_{[a,b)_{\mathbb{T}}} (f^\Delta g + f^\sigma g^\Delta)(t)\, \Delta t = f(b)g(b) - f(a)g(a)$$
$$= \int_{[a,b)_{\mathbb{T}}} (fg^\Delta + f^\Delta g^\sigma)(t)\, \Delta t.$$

定理 2.4　如果函数 $f, g : [a,b]_{\mathbb{T}} \to \mathbb{R}$ 在区间 $[a,b]_{\mathbb{T}}$ 上绝对连续, 那么 fg 在区间 $[a,b]_{\mathbb{T}}$ 上也是绝对连续的, 并且有如下等式成立:

$$\int_a^b \big(T_\alpha(f)g + f^\sigma T_\alpha(g)\big)(t)\, \Delta^\alpha t = f(b)g(b) - f(a)g(a)$$
$$= \int_a^b \big(fT_\alpha(g) + T_\alpha(f)g^\sigma\big)(t)\, \Delta^\alpha t.$$

证明　该定理的结果可直接对函数 f 和 g 应用引理 2.2, 引理 2.8 和定理 2.3 得出, 证明从略.　　　　　　　　　　　　　　　　　　　　　　$\blacksquare$

定义 2.14([45, 定义 2.4]) 假设集合 E 为时标 $\mathbb{T}$ 中的 Δ-可测集, $p \in \overline{\mathbb{R}} = [-\infty, +\infty]$ 且 $p \geqslant 1$, 函数 $f : E \to \overline{\mathbb{R}}$ 是 Δ-可测函数. 定义

$$L_\Delta^p(E, \mathbb{R}) = \left\{ f : f \text{ 是 } E \text{ 上的 } \Delta\text{-可测函数, 且} \int_E |f(t)|^p \Delta t < +\infty \right\},$$

当 $p = +\infty$ 时, 定义

$$L_\Delta^p(E, \mathbb{R}) = \left\{ f : f \text{ 是 } E \text{ 上的 } \Delta\text{-可测函数, 且存在常数 } C > 0 \text{ 使得} \right.$$
$$\left. |f| \leqslant C \ \Delta\text{-a.e. 于 } E \right\}.$$

定义 2.15 假设集合 E 为时标 $\mathbb{T}$ 中的 Δ-可测集, $p \in \overline{\mathbb{R}} = [-\infty, +\infty]$ 且 $p \geqslant 1$, 函数 $f : E \to \overline{\mathbb{R}}$ 是 Δ-可测函数. 当 $p \in [1, +\infty)$ 时, 定义

$$L_{\alpha,\Delta}^p(E, \mathbb{R}) = \left\{ f : f \text{ 是 } E \text{ 上的 } \Delta\text{-可测函数, 且} \int_E |f(t)|^p \Delta^\alpha t < +\infty \right\},$$

当 $p = +\infty$ 时, 定义

$$L_{\alpha,\Delta}^p(E, \mathbb{R}) = \left\{ f : f \text{ 是 } E \text{ 上的 } \Delta\text{-可测函数, 且存在常数 } C > 0 \text{ 使得} \right.$$
$$\left. |f| \leqslant C \ \Delta\text{-a.e. 于 } E \right\}.$$

引理 2.9([45, 定理 2.5]) 假设 $p \in \overline{\mathbb{R}}$ 且 $p \geqslant 1$. 赋予空间 L_Δ^p $([a,b]_\mathbb{T}, \mathbb{R})$ 的范数如下:

$$\|f\|_{L_\Delta^p([a,b]_\mathbb{T}, \mathbb{R})} = \begin{cases} \left(\int_{[a,b]_\mathbb{T}} |f(t)|^p \Delta t \right)^{\frac{1}{p}}, & p \in [1, +\infty), \\ \inf\{C \in \mathbb{R} : |f(t)| \leqslant C \ \Delta\text{-a.e. } t \in [a,b]_\mathbb{T}\}, & p = +\infty, \end{cases}$$

则集合 $L_\Delta^p([a,b]_\mathbb{T}, \mathbb{R})$ 按函数的加法和数乘规定运算构成一个线性赋范空间, 并且在这个范数下是一个 Banach 空间. 特别的, 当 $p = 2$ 时, 空

间 $L_\Delta^2([a,b)_\mathbb{T}, \mathbb{R})$ 关于内积

$$\langle f, g \rangle_{L_\Delta^2([a,b)_\mathbb{T},\mathbb{R})} = \int_{[a,b)_\mathbb{T}} f(t)g(t)\,\Delta t,$$
$$\forall (f,g) \in L_\Delta^2([a,b)_\mathbb{T}, \mathbb{R}) \times L_\Delta^2([a,b)_\mathbb{T}, \mathbb{R})$$

为 Hilbert 空间.

定理 2.5 设 $p \in \overline{\mathbb{R}}$ 且 $p \geqslant 1$. 在集合 $L_{\alpha,\Delta}^p([a,b)_\mathbb{T}, \mathbb{R}))$ 中定义范数如下:

$$\|f\|_{L_{\alpha,\Delta}^p([a,b)_\mathbb{T},\mathbb{R})} = \begin{cases} \left(\int_{[a,b)_\mathbb{T}} |f(t)|^p \,\Delta^\alpha t\right)^{\frac{1}{p}}, & p \in [1,+\infty), \\ \inf\{C \in \mathbb{R} : |f(t)| \leqslant C\,\Delta\text{-a.e. } t \in [a,b)_\mathbb{T}\}, & p = +\infty, \end{cases}$$

则集合 $L_{\alpha,\Delta}^p([a,b)_\mathbb{T}, \mathbb{R})$ 按函数的加法和数乘规定运算构成一个线性赋范空间, 并且在这个范数下是一个 Banach 空间. 如果 $p = 2$, Banach 空间 $L_{\alpha,\Delta}^2([a,b)_\mathbb{T}, \mathbb{R})$ 关于内积

$$\langle f, g \rangle_{L_{\alpha,\Delta}^2([a,b)_\mathbb{T},\mathbb{R})} = \int_{[a,b)_\mathbb{T}} f(t)g(t)\,\Delta^\alpha t,$$
$$(f,g) \in L_{\alpha,\Delta}^p([a,b)_\mathbb{T}, \mathbb{R}) \times L_{\alpha,\Delta}^p([a,b)_\mathbb{T}, \mathbb{R})$$

还是个 Hilbert 空间.

证明 当 $p = +\infty$ 时, 结论是显然的. 下面证明 $p \in [1,+\infty)$ 的情形. 若 $\{u_n\}_{n\in\mathbb{N}}$ 为空间 $L_{\alpha,\Delta}^p([a,b)_\mathbb{T}, \mathbb{R})$ 中的任意柯西列, 则有

$$\int_{[a,b)_\mathbb{T}} |u_m(t) - u_n(t)|^p \,\Delta^\alpha t = \int_{[a,b)_\mathbb{T}} |u_m(t) - u_n(t)|^p t^{\alpha-1} \,\Delta t$$
$$= \int_{[a,b)_\mathbb{T}} |u_m(t)t^{\frac{\alpha-1}{p}} - u_n(t)t^{\frac{\alpha-1}{p}}|^p \,\Delta t$$
$$\to 0, \quad m,n \to \infty. \tag{2.3.3}$$

从引理 2.9 和 (2.3.3) 式可知, 存在 $u_0 \in L_{\alpha,\Delta}^p([a,b)_{\mathbb{T}}, \mathbb{R})$ 使得

$$\int_{[a,b)_{\mathbb{T}}} \left| u_n(t) t^{\frac{\alpha-1}{p}} - u_0(t) t^{\frac{\alpha-1}{p}} \right|^p \Delta t \to 0, \quad n \to \infty \qquad (2.3.4)$$

成立. 从而, 我们断言

$$\begin{aligned}
\|u_n - u_0\|_{L_{\alpha,\Delta}^p([a,b)_{\mathbb{T}}, \mathbb{R})} &= \left(\int_{[a,b)_{\mathbb{T}}} |u_n(t) - u_0(t)|^p \, \Delta^\alpha t \right)^{\frac{1}{p}} \\
&= \left(\int_{[a,b)_{\mathbb{T}}} |u_n(t) - u_0(t)|^p t^{\alpha-1} \, \Delta t \right)^{\frac{1}{p}} \\
&= \left(\int_{[a,b)_{\mathbb{T}}} \left| u_n(t) t^{\frac{\alpha-1}{p}} - u_0(t) t^{\frac{\alpha-1}{p}} \right|^p \, \Delta t \right)^{\frac{1}{p}} \\
&\to 0, \quad n \to \infty.
\end{aligned}$$

上述过程说明线性赋范空间 $L_{\alpha,\Delta}^p([a,b)_{\mathbb{T}}, \mathbb{R})$ 的任意柯西列都是收敛的. 即线性赋范空间 $L_{\alpha,\Delta}^p([a,b)_{\mathbb{T}}, \mathbb{R})$ 关于范数 $\|\cdot\|_{L_{\alpha,\Delta}^p([a,b)_{\mathbb{T}}, \mathbb{R})}$ 是 Banach 空间.

显然, 如果 $p = 2$, Banach 空间 $L_{\alpha,\Delta}^2([a,b)_{\mathbb{T}}, \mathbb{R})$ 定义了内积

$$\langle f, g \rangle_{L_{\alpha,\Delta}^2([a,b)_{\mathbb{T}}, \mathbb{R})} = \int_{[a,b)_{\mathbb{T}}} f(t) g(t) \, \Delta^\alpha t,$$
$$(f, g) \in L_{\alpha,\Delta}^2([a,b)_{\mathbb{T}}, \mathbb{R}) \times L_{\alpha,\Delta}^2([a,b)_{\mathbb{T}}, \mathbb{R})$$

之后为 Hilbert 空间. ∎

引理 2.10([45, 命题 2.6]) 设 $p \in \overline{\mathbb{R}}$, $p \geqslant 1$, $p' \in \overline{\mathbb{R}}$ 使得 $\frac{1}{p} + \frac{1}{p'} = 1$. 则当 $f \in L_\Delta^p([a,b)_{\mathbb{T}}, \mathbb{R})$ 且 $g \in L_\Delta^{p'}([a,b)_{\mathbb{T}}, \mathbb{R})$ 时, 有 $fg \in L_\Delta^1([a,b)_{\mathbb{T}}, \mathbb{R})$ 并且下列 Hölder 不等式成立:

$$\|fg\|_{L_\Delta^1([a,b)_{\mathbb{T}}, \mathbb{R})} \leqslant \|f\|_{L_\Delta^p([a,b)_{\mathbb{T}}, \mathbb{R})} \cdot \|g\|_{L_\Delta^{p'}([a,b)_{\mathbb{T}}; \mathbb{R})}.$$

定理 2.6 假如 $p \in \overline{\mathbb{R}}$ 且 $p \geqslant 1$, p' 与 p 共轭, 即 $p' \in \overline{\mathbb{R}}$ 使

得 $\dfrac{1}{p} + \dfrac{1}{p'} = 1$. 则当 $f \in L_{\alpha,\Delta}^p([a,b)_{\mathbb{T}}, \mathbb{R})$ 和 $g \in L_{\alpha,\Delta}^{p'}([a,b)_{\mathbb{T}}, \mathbb{R})$ 时, $f \cdot g \in L_{\alpha,\Delta}^1([a,b)_{\mathbb{T}}, \mathbb{R})$ 并且 Hölder 不等式

$$\|fg\|_{L_{\alpha,\Delta}^1([a,b)_{\mathbb{T}},\mathbb{R})} \leqslant \|f\|_{L_{\alpha,\Delta}^p([a,b)_{\mathbb{T}},\mathbb{R})} \cdot \|g\|_{L_{\alpha,\Delta}^{p'}([a,b)_{\mathbb{T}},\mathbb{R})}$$

成立.

证明　由引理 2.10, 可得如下不等式:

$$
\begin{aligned}
\|f \cdot g\|_{L_{\alpha,\Delta}^1([a,b)_{\mathbb{T}},\mathbb{R})} &= \int_{[a,b)_{\mathbb{T}}} |fg|\, \Delta^{\alpha} t \\
&= \int_{[a,b)_{\mathbb{T}}} |fg| t^{\alpha-1}\, \Delta t \\
&= \int_{[a,b)_{\mathbb{T}}} (|f| t^{\frac{\alpha-1}{p}})(|g| t^{\frac{\alpha-1}{p'}})\, \Delta t \\
&\leqslant \left(\int_{[a,b)_{\mathbb{T}}} (|f| t^{\frac{\alpha-1}{p}})^p\, \Delta t \right)^{\frac{1}{p}} \left(\int_{[a,b)_{\mathbb{T}}} (|g| t^{\frac{\alpha-1}{p'}})^{p'}\, \Delta t \right)^{\frac{1}{p'}} \\
&= \left(\int_{[a,b)_{\mathbb{T}}} |f|^p t^{\alpha-1}\, \Delta t \right)^{\frac{1}{p}} \left(\int_{[a,b)_{\mathbb{T}}} |g|^{p'} t^{\alpha-1}\, \Delta t \right)^{\frac{1}{p'}} \\
&= \|f\|_{L_{\alpha,\Delta}^p([a,b)_{\mathbb{T}},\mathbb{R})} \cdot \|g\|_{L_{\alpha,\Delta}^{p'}([a,b)_{\mathbb{T}};\mathbb{R})}. \quad \blacksquare
\end{aligned}
$$

引理 2.11([45, 命题 2.7])　当 $p \in \mathbb{R}$ 且 $p \geqslant 1$ 时, 集合 $C_0([a,b)_{\mathbb{T}}, \mathbb{R})$ 在空间 $L_{\Delta}^p([a,b)_{\mathbb{T}}, \mathbb{R})$ 中稠密.

定理 2.7　假设 $f \in L_{\alpha,\Delta}^1([a,b)_{\mathbb{T}}, \mathbb{R})$ 使得如下等式成立:

$$\int_{[a,b)_{\mathbb{T}}} f(t)u(t)\Delta^{\alpha} t = 0, \quad \forall u \in C_0([a,b)_{\mathbb{T}}, \mathbb{R}), \tag{2.3.5}$$

则有

$$f(t) = 0, \quad \Delta\text{-a.e. } t \in [a,b)_{\mathbb{T}}. \tag{2.3.6}$$

证明　$\forall \epsilon > 0$, 由集合 $C_0([a,b)_{\mathbb{T}}, \mathbb{R})$ 在空间 $L_{\Delta}^p([a,b)_{\mathbb{T}}, \mathbb{R})$ 中的稠密

性可知, 存在 $f_1 \in C_0([a,b]_{\mathbb{T}}, \mathbb{R})$ 使得

$$\int_{[a,b)} |f_1(t) - f(t)| \Delta t < \epsilon. \tag{2.3.7}$$

因此, 结合引理 2.5 和 (2.3.7) 式, 对任意 $u \in C_0([a,b]_{\mathbb{T}}, \mathbb{R})$, 不等式

$$\left| \int_{[a,b)_{\mathbb{T}}} f_1(t) u(t) \Delta^\alpha t \right|$$

$$\leqslant \|u\|_{C([a,b]_{\mathbb{R}})} \int_{[a,b)_{\mathbb{T}}} |f_1(t) - f(t)| t^{\alpha-1} \Delta t$$

$$= \epsilon a^{\alpha-1} \|u\|_{C([a,b]_{\mathbb{T}} \mathbb{R})} \tag{2.3.8}$$

成立. 另一方面，因为集合

$$A_1 = \{t \in [a,b)_{\mathbb{T}} | f_1(t) \geqslant \epsilon\}, \quad A_2 = \{t \in [a,b)_{\mathbb{T}} | f_1(t) \leqslant -\epsilon\} \tag{2.3.9}$$

是集合 $[a,b)_{\mathbb{T}}$ 中的两个互不相交的紧子集, 由乌雷松引理, 我们可构造
函数 $u_0 \in C_0([a,b)_{\mathbb{T}}, \mathbb{R})$ 满足性质

$$u_0(t) = \begin{cases} 1, & t \in A_1, \\ -1, & t \in A_2, \end{cases} \quad |u_0(t)| \leqslant 1, \ t \in [a,b)_{\mathbb{T}}. \tag{2.3.10}$$

令 $A = A_1 \cup A_2$, 联合定理 2.2 和 (2.3.8)—(2.3.10) 式, 可推出

$$\int_{[a,b)_{\mathbb{T}}} |f_1(t)| \Delta^\alpha t$$

$$= \int_{[a,b)_{\mathbb{T}}} f_1(t) u_0(t) \Delta^\alpha t - \int_{[a,b)_{\mathbb{T}} \backslash A} f_1(t) u_0(t) \Delta^\alpha t + \int_{[a,b)_{\mathbb{T}} \backslash A} |f_1(t)| \Delta^\alpha t$$

$$\leqslant \epsilon a^{\alpha-1} + 2\epsilon a^{\alpha-1}(b-a). \tag{2.3.11}$$

由 ϵ 的任意性可知, (2.3.11) 式蕴含 (2.3.6) 式. ∎

定理 2.8 如果 $f \in L^1_{\alpha,\Delta}([a,b)_{\mathbb{T}}, \mathbb{R})$, 那么等式

$$\int_{[a,b)_{\mathbb{T}}} f(t) T_\alpha(h)(t) \, \Delta^\alpha t = 0, \quad \forall h \in C^\alpha_{0,\mathrm{rd}}([a,b]_{\mathbb{T}}, \mathbb{R}) \tag{2.3.12}$$

成立的一个充分必要条件是: 存在常数 $C \in \mathbb{R}$ 使得

$$f \equiv C \tag{2.3.13}$$

Δ-a.e. 于 $[a, b)_{\mathbb{T}}$.

证明 (充分性) 若 $f \equiv C$ Δ-a.e. 于 $[a, b)_{\mathbb{T}}$, 那么对任意 $h \in C_{0,\mathrm{rd}}^{\alpha}$ $([a, b]_{\mathbb{T}}, \mathbb{R})$, 根据引理 2.5 和集合 $C_{0,\mathrm{rd}}^{\alpha}([a, b]_{\mathbb{T}}, \mathbb{R})$ 的定义, 有

$$
\begin{aligned}
\int_{[a,b)_{\mathbb{T}}} f(t) T_{\alpha}(h)(t)\, \Delta^{\alpha}t &= C \int_{[a,b)_{\mathbb{T}}} T_{\alpha}(h)(t)\, \Delta^{\alpha}t \\
&= C\big(h(b) - h(a)\big) \\
&= 0.
\end{aligned}
$$

(必要性) 取定 $u \in C_0([a, b)_{\mathbb{T}}, \mathbb{R})$, 定义函数 $h, g : [a, b]_{\mathbb{T}} \to \mathbb{R}$ 如下:

$$
h(t) = \begin{cases}
u(t) - \dfrac{\displaystyle\int_{[a,b)_{\mathbb{T}}} u(s)\Delta^{\alpha}s}{\displaystyle\int_{[a,b)_{\mathbb{T}}} 1\Delta^{\alpha}s}, & t \in [a, b)_{\mathbb{T}}, \\[6mm]
-\dfrac{\displaystyle\int_{[a,b)_{\mathbb{T}}} u(s)\Delta^{\alpha}s}{\displaystyle\int_{[a,b)_{\mathbb{T}}} 1\Delta^{\alpha}s}, & t = b,
\end{cases} \tag{2.3.14}
$$

$$g(t) = \int_{[a,t)_{\mathbb{T}}} h(s)\Delta^{\alpha}s. \tag{2.3.15}$$

由前述共形分数阶微积分的定义和相关性质可知: $g \in C_{0,\mathrm{rd}}^{\alpha}([a, b]_{\mathbb{T}}, \mathbb{R})$. 从而由 (2.3.12) 式可推出

$$0 = \int_{[a,b)_{\mathbb{T}}} f(t) \left(u(t) - \frac{\displaystyle\int_{[a,b)_{\mathbb{T}}} u(s)\Delta^{\alpha}s}{\displaystyle\int_{[a,b)_{\mathbb{T}}} 1\Delta^{\alpha}s} \right) \Delta^{\alpha}t$$

$$= \int_{[a,b)_{\mathbb{T}}} \left(f(t) - \frac{\int_{[a,b)_{\mathbb{T}}} f(s)\Delta^\alpha s}{\int_{[a,b)_{\mathbb{T}}} 1\Delta^\alpha s} \right) u(t)\Delta^\alpha t. \qquad (2.3.16)$$

至此, 应用定理 2.7 和 (2.3.16) 式可知 (2.3.13) 式成立, 其中

$$C = \frac{\int_{[a,b)_{\mathbb{T}}} f(s)\Delta^\alpha s}{\int_{[a,b)_{\mathbb{T}}} 1\Delta^\alpha s}. \qquad \blacksquare$$

接下来, 我们给出时标上的向量值函数的共形分数阶导数、积分的定义并研究其相关性质.

定义 2.16 假设函数 f 是时标 $\mathbb{T}$ 上的 N 维向量值函数, 即 $f^i : \mathbb{T}^+ \to \mathbb{R}(i = 1, 2, \cdots, N), f(t) = \left(f^1(t), f^2(t), \cdots, f^N(t)\right)$ 且 $t \in \mathbb{T}^\kappa$. 我们定义向量值函数 f 的 α 阶共形分数阶导数如下:

函数 f 在变量 t 处 α 阶共形分数阶可导当且仅当 $f^i(i = 1, 2, \cdots, N)$ 在变量 t 处 α 阶共形分数阶可导. 将向量值函数 f 在变量 t 处的 α 阶共形分数阶导数记为 $T_\alpha(f)(t), T_\alpha(f)(t) = \left(T_\alpha(f^1)(t), T_\alpha(f^2)(t), \cdots, T_\alpha(f^N)(t)\right)$. 函数 $T_\alpha(f) : \mathbb{T}^\kappa \to \mathbb{R}^N$ 叫作向量值函数 f 的 α 阶共形分数阶导函数.

定义 2.17 若 $\alpha \in (n, n+1], n \in \mathbb{N}$, 且向量值函数 $f : \mathbb{T}^+ \to \mathbb{R}^N$ 在变量 $t \in \mathbb{T}^{\kappa^n}$ 处是 n 阶 Δ-可导的, 定义向量值函数 f 在变量 t 处的 α 阶共形分数阶导数如下:

$$T_\alpha(f)(t) := T_{\alpha-n}(f^{\Delta^n})(t).$$

定义 2.18 假设函数 f 是时标 $\mathbb{T}^+$ 上的 N 维向量值函数, 即 $f^i : \mathbb{T}^+ \to \mathbb{R}(i = 1, 2, \cdots, N), f(t) = \left(f^1(t), f^2(t), \cdots, f^N(t)\right)$, A 是时标

$\mathbb{T}^+$ 中的 Δ-可测子集. f 在集合 A 上 α 阶共形分数阶可积当且仅当 f^i $(i = 1, 2, \cdots, N)$ 在集合 A 上 α 阶共形分数阶可积, 且

$$\int_A f(t) \, \Delta^\alpha t = \left(\int_A f^1(t) \, \Delta^\alpha t, \int_A f^2(t) \, \Delta^\alpha t, \cdots, \int_A f^N(t) \, \Delta^\alpha t \right).$$

从定义 2.16 和定义 2.18 中可直接得到如下定理.

定理 2.9　设 $\alpha \in (0, 1]$. 如果 $f : \mathbb{T}^+ \to \mathbb{R}^N$, $t \in \mathbb{T}^\kappa$, 那么下面的性质成立:

(i) 若 $t > 0$, 函数 f 在变量 t 处 α 阶共形分数阶可导, 那么函数 f 在变量 t 处连续.

(ii) 若 t 为时标 $\mathbb{T}^+$ 的右离散点, 函数 f 在点 t 处连续, 则 f 在点 t 处 α 阶共形分数阶可导且

$$T_\alpha(f)(t) = \frac{1}{\mu(t)} t^{1-\alpha} \big[f(\sigma(t)) - f(t) \big].$$

(iii) 若 t 为时标 $\mathbb{T}^+$ 的右稠密点, 则 f 在点 t 处 α 阶共形分数阶可导当且仅当极限

$$\lim_{s \to t} \frac{1}{t - s} t^{1-\alpha} \big[f(t) - f(s) \big]$$

存在. 此时,

$$T_\alpha(f)(t) = \lim_{s \to t} \frac{1}{t - s} t^{1-\alpha} \big[f(t) - f(s) \big].$$

(iv) 若函数 f 在变量 t 处 α 阶共形分数阶可导, 则

$$f(\sigma(t)) = f(t) + \mu(t) t^{\alpha-1} T_\alpha(f)(t).$$

定理 2.10　假定函数 $f, g : \mathbb{T}^+ \to \mathbb{R}^N$ 都在变量 t 处 α 阶共形分数阶可导, 则有

(i) 函数 f 与 g 的和 $f + g : \mathbb{T}^+ \to \mathbb{R}^N$ 在变量 t 处 α 阶共形分数阶可导且 $T_\alpha(f + g)(t) = T_\alpha(f)(t) + T_\alpha(g)(t)$;

(ii) 对任意实数 λ, λ 与函数 f 的积 $\lambda f : \mathbb{T}^+ \to \mathbb{R}^N$ 在变量 t 处 α 阶共形分数阶可导且 $T_\alpha(\lambda f)(t) = \lambda T_\alpha(f)(t)$;

(iii) 如果函数 f 和 g 在变量 t 处连续, 则函数 f 与 g 的积 $fg : \mathbb{T}^+ \to \mathbb{R}^N$ 在变量 t 处 α 阶共形分数阶可导且

$$T_\alpha(fg)(t) = T_\alpha(f)g(t) + (f \circ \sigma)T_\alpha(g)(t)$$
$$= T_\alpha(f)(g \circ \sigma)(t) + (f)T_\alpha(g)(t).$$

定义 2.19([42, 定义 2.6]) 如果向量值函数 $f : \mathbb{T} \to \mathbb{R}^N$ 在时标 $\mathbb{T}$ 的右稠密点处连续, 在时标 $\mathbb{T}$ 的左稠密点处的左极限存在 (极限为有限值), 则称向量值函数 f 右稠连续 (rd-连续).

定理 2.11 若 $\alpha \in (0, 1], a, b, c \in \mathbb{T}^+, \lambda \in \mathbb{R}$, 函数 $f, g : \mathbb{T}^+ \to \mathbb{R}^N$ 为右稠连续函数, 则有

(i) $\int_a^b [f(t) + g(t)] \Delta^\alpha t = \int_a^b f(t) \Delta^\alpha t + \int_a^b g(t) \Delta^\alpha t$;

(ii) $\int_a^b \lambda f(t) \Delta^\alpha t = \lambda \int_a^b f(t) \Delta^\alpha t$;

(iii) $\int_a^b f(t) \Delta^\alpha t = - \int_b^a f(t) \Delta^\alpha t$;

(iv) $\int_a^b f(t) \Delta^\alpha t = \int_a^c f(t) \Delta^\alpha t + \int_c^b f(t) \Delta^\alpha t$;

(v) $\int_a^a f(t) \Delta^\alpha t = 0$;

(vi) 如果存在函数 $g : \mathbb{T}^+ \to \mathbb{R}$ 使得

$$|f(t)| \leqslant g(t)$$

对一切 $t \in [a, b]_\mathbb{T}$ 成立, 那么

$$\left| \int_a^b f(t)\Delta^\alpha t \right| \leqslant \int_a^b g(t)\Delta^\alpha t.$$

在对通常的 Sobolev 空间理论的研究中, 绝对连续函数起着重要的作用. 为了后面研究时标上的共形分数阶 Sobolev 空间的相关性质, 我们引入时标上绝对连续函数的概念.

定义 2.20([42, 定义 2.11]) 对于向量值函数 $f : [a,b]_{\mathbb{T}} \to \mathbb{R}^N$, $f(t) = \left(f^1(t), f^2(t), \cdots, f^N(t) \right)$, 如果对任意 $\epsilon > 0$, 总存在 $\delta > 0$, 使得对 $[a,b]_{\mathbb{T}}$ 中互不相交的任意有限个子区间 $\{[a_k, b_k)_{\mathbb{T}}\}_{k=1}^n$, 只要 $\sum\limits_{k=1}^n (b_k - a_k) < \delta$ 就有 $\sum\limits_{k=1}^n \left| f(b_k) - f(a_k) \right| < \epsilon$, 则称函数 $f : [a,b]_{\mathbb{T}} \to \mathbb{R}$ 为区间 $[a,b]_{\mathbb{T}}$ 上的绝对连续函数, 记做 $f \in \mathrm{AC}([a,b]_{\mathbb{T}}, \mathbb{R}^N)$.

注 2.4([42, 注 2.1]) 由定义 2.13 和定义 2.20 可知, 向量值函数 $f \in \mathrm{AC}([a,b]_{\mathbb{T}}, \mathbb{R}^N)$ 当且仅当 $f^i \in \mathrm{AC}([a,b]_{\mathbb{T}}, \mathbb{R}), i = 1, 2, \cdots, N$.

绝对连续的向量值函数具有下列一些重要性质.

应用定义 2.13, 定义 2.20, 定理 2.3 和定理 2.4, 我们可以不加证明的给出下面两个定理.

定理 2.12 如果向量值函数 $f : [a,b]_{\mathbb{T}} \to \mathbb{R}^N$ 在区间 $[a,b]_{\mathbb{T}}$ 上绝对连续, 那么 f 在区间 $[a,b)_{\mathbb{T}}$ 上 Δ-几乎处处 α 阶共形分数阶可导, 而且等式

$$f(t) = f(a) + \int_{[a,t)_{\mathbb{T}}} T_\alpha(f)(s)\, \Delta^\alpha s, \quad \forall t \in [a,b]_{\mathbb{T}}$$

成立.

定理 2.13 如果向量值函数 $f, g : [a,b]_{\mathbb{T}} \to \mathbb{R}^N$ 在区间 $[a,b]_{\mathbb{T}}$ 上绝对连续, 那么 fg 在区间 $[a,b]_{\mathbb{T}}$ 上也绝对连续, 而且分部积分公式

$$\int_{[a,b)_{\mathbb{T}}} \left(\left(T_\alpha f(t), g(t) \right) + \left(f^\sigma(t), T_\alpha g(t) \right) \right) \Delta^\alpha t$$

$$= \big(f(b), g(b)\big) - \big(f(a), g(a)\big)$$
$$= \int_{[a,b)_{\mathbb{T}}} \bigg(\big(f(t), T_\alpha(g)(t)\big) + \big(T_\alpha(f)(t), g^\sigma(t)\big) \bigg) \Delta^\alpha t$$

成立.

2.4 时标上的共形分数阶 Sobolev 空间的定义及相关性质

在本节中, 我们建立时标上的共形分数阶 Sobolev 空间并证明该空间的完备性、一致凸性、自反性、嵌入定理以及定义在其上的一类泛函的连续可微性. 在定义时标上的共形分数阶 Sobolev 空间之前, 我们先定义时标上的共形分数阶 $L^p_{\alpha,\Delta}$ 空间.

任意 $p \in \mathbb{R}, p \geqslant 1$, 我们按照函数的加法和数乘在集合

$$L^p_{\alpha,\Delta}([a,b)_{\mathbb{T}}, \mathbb{R}^N) = \left\{ f: [a,b)_{\mathbb{T}} \to \mathbb{R}^N \,\bigg|\, \int_{[a,b)_{\mathbb{T}}} |f(t)|^p \,\Delta^\alpha t < +\infty \right\}$$

中规定线性运算使其成为实线性空间, 并在其上定义范数如下:

$$\|f\|_{L^p_{\alpha,\Delta}} = \left(\int_{[a,b)_{\mathbb{T}}} |f(t)|^p \,\Delta^\alpha t \right)^{\frac{1}{p}}.$$

那么, 空间 $L^p_{\alpha,\Delta}([a,b)_{\mathbb{T}}, \mathbb{R}^N)$ 是一个线性赋范空间, 并具有如下特征.

定理 2.14 如果 $p \in \mathbb{R}, p \geqslant 1$, 那么空间 $L^p_{\alpha,\Delta}([a,b)_{\mathbb{T}}, \mathbb{R}^N)$ 在范数 $\|\cdot\|_{L^p_{\alpha,\Delta}}$ 下是 Banach 空间. 特别地, 当 $p=2$ 时, Banach 空间 $L^2_{\alpha,\Delta}([a,b)_{\mathbb{T}}, \mathbb{R}^N)$ 在定义内积

$$\langle f, g \rangle_{L^p_{\alpha,\Delta}([a,b)_{\mathbb{T}},\mathbb{R}^N)} = \int_{[a,b)_{\mathbb{T}}} \big(f(t), g(t)\big) \,\Delta^\alpha t,$$
$$(f,g) \in L^2_{\alpha,\Delta}([a,b)_{\mathbb{T}^N}, \mathbb{R}^N) \times L^2_{\alpha,\Delta}([a,b)_{\mathbb{T}}, \mathbb{R}^N)$$

后是 Hilbert 空间, 其中 $(\cdot, \cdot)$ 表示 $\mathbb{R}^N$ 中的内积.

证明　设 $\{u_n\}_{n\in\mathbb{N}}$ 是空间 $L^p_{\alpha,\Delta}([a,b)_{\mathbb{T}},\mathbb{R}^N)$ 的任意柯西列, $u_n(t) = \left(u_n^1(t), u_n^2(t), \cdots, u_n^N(t)\right)$, 只需证明其是空间 $L^p_{\alpha,\Delta}([a,b)_{\mathbb{T}},\mathbb{R}^N)$ 中的收敛列即可. 事实上, 由于 $\{u_n\}_{n\in\mathbb{N}}$ 是柯西列, 故有

$$\|u_m - u_n\|_{L^p_{\alpha,\Delta}([a,b)_{\mathbb{T}},\mathbb{R}^N)}$$
$$= \left(\int_{[a,b)_{\mathbb{T}}} \left|u_n(t) - u_m(t)\right|^p \Delta^\alpha t\right)^{\frac{1}{p}}$$
$$= \left(\int_{[a,b)_{\mathbb{T}}} \left(\sum_{i=1}^{N} |u_n^i(t) - u_m^i(t)|^2\right)^{\frac{p}{2}} \Delta^\alpha t\right)^{\frac{1}{p}} \to 0, \quad m,n \to \infty. \quad (2.4.1)$$

由 (2.4.1) 式可推出

$$\|u_m^i - u_n^i\|_{L^p_{\alpha,\Delta}([a,b)_{\mathbb{T}},\mathbb{R})}$$
$$= \left(\int_{[a,b)_{\mathbb{T}}} |u_n^i(t) - u_m^i(t)|^p \Delta^\alpha t\right)^{\frac{1}{p}} \to 0, \quad m,n \to \infty$$

对一切 $i \in \{1,2,\cdots,N\}$ 成立. 据此可知 $\{u_n^i\}_{n\in\mathbb{N}}$ $(i=1,2,\cdots,N)$ 是空间 $L^p_{\alpha,\Delta}([a,b)_{\mathbb{T}},\mathbb{R})$ 的柯西列. 根据定理 2.5, 存在 $\overline{u}^i \in L^p_{\alpha,\Delta}([a,b)_{\mathbb{T}},\mathbb{R})(i=1,2,\cdots,N)$, 使得

$$\|u_n^i - \overline{u}^i\|_{L^p_{\alpha,\Delta}([a,b)_{\mathbb{T}},\mathbb{R})} \to 0, \quad n \to \infty. \quad (2.4.2)$$

此时, 令 $\overline{u}(t) = \left(\overline{u}^1(t), \overline{u}^2(t), \cdots, \overline{u}^N(t)\right)$. 再者, 我们有

$$\int_{[a,b)_{\mathbb{T}}} |\overline{u}|^p \Delta^\alpha t = \int_{[a,b)_{\mathbb{T}}} \left(\sum_{i=1}^{N} |\overline{u}^i|^2\right)^{\frac{p}{2}} \Delta^\alpha t$$
$$\leqslant N^{\frac{p}{2}} \int_{[a,b)_{\mathbb{T}}} \sum_{i=1}^{N} |\overline{u}^i|^p \Delta^\alpha t$$
$$= N^{\frac{p}{2}} \sum_{i=1}^{N} \int_{[a,b)_{\mathbb{T}}} |\overline{u}^i|^p \Delta^\alpha t < +\infty.$$

这说明 $\overline{u} \in L_{\alpha,\Delta}^p([a,b]_\mathbb{T}, \mathbb{R}^N)$. 另外, 通过 (2.4.2) 式, 可以推得

$$\int_{[a,b]_\mathbb{T}} |u_n(t) - \overline{u}(t)|^p \, \Delta^\alpha t$$

$$= \int_{[a,b]_\mathbb{T}} \left(\sum_{i=1}^N |u_n^i(t) - \overline{u}^i(t)|^2 \right)^{\frac{p}{2}} \Delta^\alpha t$$

$$\leqslant N^{\frac{p}{2}} \int_{[a,b]_\mathbb{T}} \sum_{i=1}^N |u_n^i(t) - \overline{u}^i(t)|^p \, \Delta^\alpha t$$

$$= N^{\frac{p}{2}} \sum_{i=1}^N \int_{[a,b]_\mathbb{T}} |u_n^i(t) - \overline{u}^i(t)|^p \, \Delta^\alpha t$$

$$= N^{\frac{p}{2}} \sum_{i=1}^N \|u_n^i - \overline{u}^i\|_{L_{\alpha,\Delta}^p([a,b]_\mathbb{T}, \mathbb{R})}^p \to 0, \quad n \to \infty. \qquad (2.4.3)$$

不等式 (2.4.3) 说明柯西列 $\{u_n\}_{n \in \mathbb{N}}$ 在空间 $L_{\alpha,\Delta}^p([a,b]_\mathbb{T}, \mathbb{R}^N)$ 中收敛于 $\overline{u}$. 即 $\{u_n\}_{n \in \mathbb{N}}$ 是空间 $L_{\alpha,\Delta}^p([a,b]_\mathbb{T}, \mathbb{R}^N)$ 中的收敛列, 所以空间 $L_{\alpha,\Delta}^p([a,b]_\mathbb{T}, \mathbb{R}^n)$ 关于范数 $\|\cdot\|_{L_{\alpha,\Delta}^p}$ 是 Banach 空间.

显然, 当 $p=2$ 时, 空间 $L_{\alpha,\Delta}^2([a,b]_\mathbb{T}, \mathbb{R}^N)$ 定义内积

$$\langle f, g \rangle_{L_{\alpha,\Delta}^2} = \int_{[a,b]_\mathbb{T}} \big(f(t), g(t) \big) \, \Delta^\alpha t,$$

$$(f,g) \in L_{\alpha,\Delta}^2([a,b]_{\mathbb{T}^N}, \mathbb{R}^N) \times L_{\alpha,\Delta}^2([a,b]_\mathbb{T}; \mathbb{R}^N)$$

后是 Hilbert 空间. ■

现在, 我们定义区间 $[a,b]_\mathbb{T}$ 上的共形分数阶 Sobolev 空间. 为了叙述方便, 我们使用如下记号:

$$u^\sigma(t) = u(\sigma(t)),$$

$$C_{\mathrm{rd}}([a,b]_\mathbb{T}, \mathbb{R}^N) = \left\{ f : [a,b]_\mathbb{T} \to \mathbb{R}^N, f \text{ 在区间 } [a,b]_\mathbb{T} \text{ 上右稠连续} \right\},$$

$$C_{\mathrm{rd}}^\alpha([a,b]_\mathbb{T}, \mathbb{R}^N) = \left\{ f : [a,b]_\mathbb{T} \to \mathbb{R}^N, f \text{ 在区间 } [a,b]_\mathbb{T} \text{ 上 } \alpha \text{ 阶共形分数} \right.$$

$$\text{阶可导且 } T_\alpha(f) \in C_{\mathrm{rd}}([a,b]_{\mathbb{T}}, \mathbb{R}^N)\Big\},$$

$$C^\alpha_{a,b;\mathrm{rd}}([a,b]_{\mathbb{T}}, \mathbb{R}^N) = \Big\{ f \in C^\alpha_{\mathrm{rd}}([a,b]_{\mathbb{T}}, \mathbb{R}^N) : f(a) = f(b) \Big\}.$$

定义 2.21　设 $p \in \mathbb{R}$ 且 $p \geqslant 1$. 我们定义集合 $W^{\alpha,p}_{\Delta;a,b}([a,b]_{\mathbb{T}}, \mathbb{R}^N)$ 如下: $u : [a,b]_{\mathbb{T}} \to \mathbb{R}^N, u \in W^{\alpha,p}_{\Delta;a,b}([a,b]_{\mathbb{T}}, \mathbb{R}^N)$ 当且仅当 $u \in L^p_{\alpha,\Delta}([a,b)_{\mathbb{T}},$ $\mathbb{R}^N)$ 且存在 $g : [a,b]^\kappa_{\mathbb{T}} \to \mathbb{R}^N$ 使得 $g \in L^p_{\alpha,\Delta}([a,b)_{\mathbb{T}}, \mathbb{R}^N)$,

$$\int_{[a,b)_{\mathbb{T}}} \Big(u(t), T_\alpha(\phi)(t) \Big) \Delta^\alpha t$$
$$= - \int_{[a,b)_{\mathbb{T}}} \Big(g(t), \phi^\sigma(t) \Big) \Delta^\alpha t, \quad \forall \phi \in C^\alpha_{a,b;\mathrm{rd}}([a,b]_{\mathbb{T}}, \mathbb{R}^N). \quad (2.4.4)$$

任意 $p \in \mathbb{R}, p \geqslant 1$, 我们记

$$V^{\alpha,p}_{\Delta;a,b}([a,b]_{\mathbb{T}}, \mathbb{R}^N) = \Big\{ u \in AC([a,b]_{\mathbb{T}}, \mathbb{R}^N) : T_\alpha(u) \in L^p_{\alpha,\Delta}([a,b)_{\mathbb{T}}, \mathbb{R}^N),$$
$$u(a) = u(b) \Big\}.$$

注 2.5　定理 2.12 和定理 2.13 说明, 对任意 $p \in \mathbb{R}$ 且 $p \geqslant 1$, 有

$$V^{\alpha,p}_{\Delta;a,b}([a,b]_{\mathbb{T}}, \mathbb{R}^N) \subset W^{\alpha,p}_{\Delta;a,b}([a,b]_{\mathbb{T}}, \mathbb{R}^N).$$

接下来, 我们将证明在把 $W^{\alpha,p}_{\Delta;a,b}([a,b]_{\mathbb{T}}, \mathbb{R}^N)$ 中的函数与其绝对连续表示等同看待的意义下, 可将空间 $W^{\alpha,p}_{\Delta;a,b}([a,b]_{\mathbb{T}},$ $\mathbb{R}^N)$ 和空间 $V^{\alpha,p}_{\Delta;a,b}([a,b]_{\mathbb{T}},$ $\mathbb{R}^N)$ 视为同一空间. 为了证明这一结论, 我们先证明如下定理.

定理 2.15　假设 $f \in L^1_{\alpha,\Delta}([a,b)_{\mathbb{T}}, \mathbb{R}^N)$, 则等式

$$\int_{[a,b)_{\mathbb{T}}} \Big(f(t), T_\alpha(h)(t) \Big) \Delta^\alpha t = 0, \quad \forall h \in C^\alpha_{a,b;\mathrm{rd}}([a,b]_{\mathbb{T}}, \mathbb{R}^N)$$

成立的一个充分必要条件是: 存在常数 $C \in \mathbb{R}^N$ 使得

$$f \equiv C \quad \Delta\text{-a.e. } 于 [a,b)_{\mathbb{T}}.$$

证明 由定义 2.16 可知, 向量值函数 $f \in L^1_{\alpha,\Delta}([a,b]_{\mathbb{T}}, \mathbb{R}^N)$, $f(t) = \left(f^1(t), f^2(t), \cdots, f^N(t)\right)$ 蕴含 $f^i \in L^1_{\alpha,\Delta}([a,b]_{\mathbb{T}}, \mathbb{R})$, $i = 1, 2, \cdots, N$.

(充分性) 如果 $f \equiv C = (C^1, C^2, \cdots, C^N)$ Δ-a.e. 于 $[a,b]_{\mathbb{T}}$, 那么对任意 $h \in C^\alpha_{a,b;\mathrm{rd}}([a,b]_{\mathbb{T}}, \mathbb{R})$, $h(t) = (h^1(t), h^2(t), \cdots, h^N(t))$, 应用定理 2.11 和集合 $C^\alpha_{a,b;\mathrm{rd}}([a,b]_{\mathbb{T}}, \mathbb{R})$ 的定义以及定义 2.16, 定义 2.18 可导出

$$
\begin{aligned}
\int_{[a,b]_{\mathbb{T}}} \left(f(t), T_\alpha(h)(t)\right) \Delta^\alpha t &= \int_{[a,b]_{\mathbb{T}}} \sum_{i=1}^N C^i T_\alpha(h^i)(t) \, \Delta^\alpha t \\
&= \sum_{i=1}^N \int_{[a,b]_{\mathbb{T}}} C^i T_\alpha(h^i)(t) \, \Delta^\alpha t \\
&= \sum_{i=1}^N C^i \int_{[a,b]_{\mathbb{T}}} T_\alpha(h^i)(t) \, \Delta^\alpha t \\
&= \sum_{i=1}^N C^i \left(h^i(b) - h^i(a)\right) \\
&= 0.
\end{aligned}
$$

(必要性) 取 $\forall h_1 \in C^\alpha_{a,b;\mathrm{rd}}([a,b]_{\mathbb{T}}, \mathbb{R})$, 令 $h(t) = \left(h_1(t), 0, \cdots, 0\right)$, 那么有 $h \in C^\alpha_{a,b;\mathrm{rd}}([a,b]_{\mathbb{T}}, \mathbb{R}^N)$ 以及

$$
\int_{[a,b]_{\mathbb{T}}} \left(f(t), T_\alpha(h)(t)\right) \Delta^\alpha t = 0.
$$

此等式说明

$$
\int_{[a,b]_{\mathbb{T}}} f^1(t) T_\alpha(h^1)(t) \, \Delta^\alpha t = 0.
$$

因为 $C^\alpha_{0,\mathrm{rd}}([a,b]_{\mathbb{T}}, \mathbb{R}) \subset C^\alpha_{a,b;\mathrm{rd}}([a,b]_{\mathbb{T}}, \mathbb{R})$, 所以由定理 2.8 可知, 存在常数 $C^1 \in \mathbb{R}$ 使得

$$
f^1 \equiv C^1 \quad \Delta\text{-a.e. 于 } [a,b]_{\mathbb{T}}.
$$

同理可知, 存在常数 $C^i \in \mathbb{R}(i = 2, 3, \cdots, N)$, 使得

$$f^i \equiv C^i \quad \Delta\text{-a.e. } 于 [a,b)_{\mathbb{T}}.$$

因此,

$$f \equiv (C^1, C^2, \cdots, C^N) \quad \Delta\text{-a.e. } 于 [a,b)_{\mathbb{T}}. \qquad \blacksquare$$

现在, 我们证明空间 $W^{\alpha,p}_{\Delta;a,b}([a,b]_{\mathbb{T}}, \mathbb{R}^N)$ 与空间 $V^{\alpha,p}_{\Delta;a,b}([a,b]_{\mathbb{T}}, \mathbb{R}^N)$ 之间的关系: 在把 $W^{\alpha,p}_{\Delta;a,b}([a,b]_{\mathbb{T}}, \mathbb{R}^N)$ 中的函数与其绝对连续表示等同看待的意义下, 可将空间 $W^{\alpha,p}_{\Delta;a,b}([a,b]_{\mathbb{T}}, \mathbb{R}^N)$ 和空间 $V^{\alpha,p}_{\Delta;a,b}([a,b]_{\mathbb{T}}, \mathbb{R}^N)$ 视为同一空间.

定理 2.16　假定 $u \in W^{\alpha,p}_{\Delta;a,b}([a,b]_{\mathbb{T}}, \mathbb{R}^N)$ 以及 $p \in \mathbb{R}$, $p \geqslant 1$, 而且 (2.4.4) 式对某个 $g \in L^p_{\alpha,\Delta}([a,b]_{\mathbb{T}}, \mathbb{R}^N)$ 成立. 那么存在唯一的 $x \in V^{\alpha,p}_{\Delta;a,b}([a,b]_{\mathbb{T}}, \mathbb{R}^N)$ 使得

$$x = u, \quad T_\alpha(x) = g \quad \Delta\text{-a.e. } 于 \quad [a,b)_{\mathbb{T}}. \qquad (2.4.5)$$

证明　假定 $\{e_j\}_{j=1}^N$ 是 $\mathbb{R}^N$ 中的正交基, 并在 (2.4.4) 式中取 $\phi \equiv e_j$, 则有

$$\int_{[a,b)_{\mathbb{T}}} (g(t), e_j) \, \Delta^\alpha t = 0, \quad j = 1, 2, \cdots, N.$$

由此易知

$$\int_{[a,b)_{\mathbb{T}}} g(t) \, \Delta^\alpha t = 0. \qquad (2.4.6)$$

我们定义函数 $v : [a,b]_{\mathbb{T}} \to \mathbb{R}^N$ 如下:

$$v(t) = \int_{[a,t)_{\mathbb{T}}} g(s) \, \Delta^\alpha s. \qquad (2.4.7)$$

此时, 通过 (2.4.6) 式和 (2.4.7) 式可推出 $v \in V^{\alpha,p}_{\Delta;a,b}([a,b]_{\mathbb{T}}, \mathbb{R}^N)$. 进而, 由定理 2.13, 我们断言

$$\int_{[a,b)_{\mathbb{T}}} \left(v(t) - u(t), T_\alpha(h)(t) \right) \Delta^\alpha t = -\int_{[a,b)_{\mathbb{T}}} \left(T_\alpha(v)(t) - g(t), h^\sigma(t) \right) \Delta^\alpha t \qquad (2.4.8)$$

对所有的 $h \in C^{\alpha}_{a,b;\mathrm{rd}}([a,b]_{\mathbb{T}}, \mathbb{R}^N)$ 成立. 应用定理 2.15 和 (2.4.8) 式可知, 存在 $C_0 \in \mathbb{R}^N$ 使得

$$v - u \equiv C_0 \quad \Delta\text{-a.e. } \mathcal{F} \, [a,b)_{\mathbb{T}}.$$

根据时标上的共形分数阶微积分的定义和相关性质可定义函数 x : $[a,b]_{\mathbb{T}} \to \mathbb{R}^N$ 如下:

$$x(t) = v(t) - C_0, \quad t \in [a,b]_{\mathbb{T}}.$$

这样定义的在空间 $V^{\alpha,p}_{\Delta;a,b}([a,b]_{\mathbb{T}}, \mathbb{R}^N)$ 中的函数 x 是唯一的, 并有 (2.4.5) 式成立. ∎

在把 $u \in W^{\alpha,p}_{\Delta;a,b}([a,b]_{\mathbb{T}}, \mathbb{R}^N)$ 与其在空间 $V^{\alpha,p}_{\Delta;a,b}([a,b]_{\mathbb{T}}, \mathbb{R}^N)$ 中关于 (2.4.5) 式的绝对连续表示 x 等同看待的意义下, 我们可以按照函数的加法和数乘在集合 $W^{\alpha,p}_{\Delta;a,b}([a,b]_{\mathbb{T}}, \mathbb{R}^N)$ 上规定线性运算, 并定义其范数使其成为 Banach 空间. 即下述定理.

定理 2.17 假若 $p \in \mathbb{R}$ 且 $p \geqslant 1$. 在集合上按照函数的加法和数乘规定线性运算, 并定义其范数如下:

$$\|u\|_{W^{\alpha,p}_{\Delta;a,b}} = \left(\int_{[a,b)_{\mathbb{T}}} |u^{\sigma}(t)|^p \Delta^{\alpha}t + \int_{[a,b)_{\mathbb{T}}} |T_{\alpha}(u)(t)|^p \Delta^{\alpha}t \right)^{\frac{1}{p}},$$
$$\forall u \in W^{\alpha,p}_{\Delta;a,b}([a,b]_{\mathbb{T}}, \mathbb{R}^N). \tag{2.4.9}$$

那么线性空间 $W^{\alpha,p}_{\Delta;a,b}([a,b]_{\mathbb{T}}, \mathbb{R}^N)$ 是 Banach 空间. 特别的, 当 $p = 2$ 时, Banach 空间 $H^{\alpha}_{\Delta;a,b} = W^{\alpha,2}_{\Delta;a,b}([a,b]_{\mathbb{T}}, \mathbb{R}^N)$ 关于内积

$$\langle u, v \rangle_{H^{\alpha}_{\Delta;a,b}} = \int_{[a,b)_{\mathbb{T}}} \left(u^{\sigma}(t), v^{\sigma}(t) \right) \Delta^{\alpha}t$$
$$+ \int_{[a,b)_{\mathbb{T}}} \left(T_{\alpha}(u)(t), T_{\alpha}(v)(t) \right) \Delta^{\alpha}t, \ \forall u, v \in H^1_{\Delta;a,b}$$

还是 Hilbert 空间.

证明　显然, $\|\cdot\|_{W^{\alpha,p}_{\Delta;a,b}}$ 是集合 $W^{\alpha,p}_{\Delta;a,b}([a,b]_{\mathbb{T}},\mathbb{R}^N)$ 中的范数, 故集合 $W^{\alpha,p}_{\Delta;a,b}([a,b]_{\mathbb{T}},\mathbb{R}^N)$ 按照函数的加法和数乘规定运算并赋予该范数后是线性赋范空间. 下面只需证明完备性. 事实上, 如果 $\{u_n\}_{n\in\mathbb{N}}$ 是空间 $W^{\alpha,p}_{\Delta;a,b}([a,b]_{\mathbb{T}},\mathbb{R}^N)$ 的任意柯西列, 根据空间 $W^{\alpha,p}_{\Delta;a,b}([a,b]_{\mathbb{T}},\mathbb{R}^N)$ 的定义, $\{u_n\}_{n\in\mathbb{N}} \subset L^p_{\alpha,\Delta}([a,b)_{\mathbb{T}},\mathbb{R}^N)$ 并且存在 $g_n : [a,b]^\kappa \to \mathbb{R}^N$ 使得 $\{g_n\}_{n\in\mathbb{N}} \subset L^p_{\alpha,\Delta}([a,b)_{\mathbb{T}},\mathbb{R}^N)$ 以及

$$\int_{[a,b)_{\mathbb{T}}}\left(u_n(t),T_\alpha(\phi)(t)\right)\Delta^\alpha t$$
$$=-\int_{[a,b)_{\mathbb{T}}}\left(g_n(t),\phi^\sigma(t)\right)\Delta^\alpha t, \quad \forall \phi \in C^\alpha_{a,b;\mathrm{rd}}([a,b]_{\mathbb{T}},\mathbb{R}^N). \quad (2.4.10)$$

据此, 由定理 2.16 可知, 存在 $\{x_n\}_{n\in\mathbb{N}} \subset V^{\alpha,p}_{\Delta;a,b}([a,b]_{\mathbb{T}},\mathbb{R}^N)$ 使得

$$x_n = u_n, \quad T_\alpha(x_n) = g_n \quad \Delta\text{-a.e.} \quad \text{于 } [a,b)_{\mathbb{T}}. \quad (2.4.11)$$

另外, (2.4.10) 式和 (2.4.11) 式蕴含等式

$$\int_{[a,b)_{\mathbb{T}}}\left(x_n(t),T_\alpha(\phi)(t)\right)\Delta^\alpha t = -\int_{[a,b)_{\mathbb{T}}}\left(T_\alpha(x_n)(t),\phi^\sigma(t)\right)\Delta^\alpha t \quad (2.4.12)$$

对一切 $\phi \in C^\alpha_{a,b;\mathrm{rd}}([a,b]_{\mathbb{T}},\mathbb{R}^N)$ 成立. 注意到 $\{u_n\}_{n\in\mathbb{N}}$ 是空间 $W^{\alpha,p}_{\Delta;a,b}([a,b]_{\mathbb{T}},\mathbb{R}^N)$ 中的柯西列, 结合 (2.4.9) 式得

$$\int_{[a,b)_{\mathbb{T}}}|u_n^\sigma(t)-u_m^\sigma(t)|^p\,\Delta^\alpha t \to 0, \quad m,n \to \infty, \quad (2.4.13)$$

$$\int_{[a,b)_{\mathbb{T}}}|T_\alpha(u_n)(t)-T_\alpha(u_m)(t)|^p\,\Delta^\alpha t \to 0, \quad m,n \to \infty. \quad (2.4.14)$$

再者, 应用定理 2.9, 定理 2.11, (2.4.13) 式和 (2.4.14) 式可推出

$$\int_{[a,b)_{\mathbb{T}}}|u_n(t)-u_m(t)|^p\,\Delta^\alpha t$$

$$= \int_{[a,b)_{\mathbb{T}}} \left| \left(u_n^\sigma(t) - u_m^\sigma(t) \right) - \mu(t) t^{\alpha-1} \left(T_\alpha(u)_n(t) - T_\alpha(u)_m(t) \right) \right|^p \Delta^\alpha t$$

$$\leqslant 2^{p-1} \int_{[a,b)_{\mathbb{T}}} \left| u_n^\sigma(t) - u_m^\sigma(t) \right|^p \Delta^\alpha t$$

$$+ 2^{p-1} a^{p(\alpha-1)} \left(\sigma(b) - a \right)^p \int_{[a,b)_{\mathbb{T}}} \left| T_\alpha(u)_n(t) - T_\alpha(u)_m(t) \right|^p \Delta^\alpha t$$

$$\to 0, \quad m, n \to \infty. \tag{2.4.15}$$

然后, 由定理 2.14, (2.4.14) 式和 (2.4.15) 式可知, 存在 $u, g \in L^p_{\alpha,\Delta}$ $([a,b]_{\mathbb{T}}, \mathbb{R}^N)$ 使得

$$\|u_n - u\|_{L^p_{\alpha,\Delta}} \to 0, \quad \|T_\alpha(u)_n - g\|_{L^p_{\alpha,\Delta}} \to 0, \quad n \to \infty. \tag{2.4.16}$$

联合 (2.4.12) 式和 (2.4.16) 式知

$$\int_{[a,b)_{\mathbb{T}}} \left(u(t), T_\alpha(\phi)(t) \right) \Delta^\alpha t = - \int_{[a,b)_{\mathbb{T}}} \left(g(t), \phi^\sigma(t) \right) \Delta^\alpha t \tag{2.4.17}$$

对一切 $\phi \in C^\alpha_{a,b;\mathrm{rd}}([a,b]_{\mathbb{T}}, \mathbb{R}^N)$ 成立. 鉴于 (2.4.17) 式, 我们有 $u \in W^{\alpha,p}_{\Delta;a,b}([a,b]_{\mathbb{T}}, \mathbb{R}^N)$. 进而, 利用定理 2.9, 定理 2.11 和 (2.4.16) 式推出不等式

$$\int_{[a,b)_{\mathbb{T}}} \left| u_n^\sigma(t) - u^\sigma(t) \right|^p \Delta^\alpha t$$

$$= \int_{[a,b)_{\mathbb{T}}} \left| \left(u_n(t) - u(t) \right) + \mu(t) t^{\alpha-1} \left(T_\alpha(u_n)(t) - T_\alpha(u)(t) \right) \right|^p \Delta^\alpha t$$

$$= \int_{[a,b)_{\mathbb{T}}} \left| \left(u_n(t) - u(t) \right) + \mu(t) t^{\alpha-1} \left(T_\alpha(u_n)(t) - g(t) \right) \right|^p \Delta^\alpha t$$

$$\leqslant 2^{p-1} \int_{[[a,b)_{\mathbb{T}}} \left| u_n(t) - u(t) \right|^p \Delta^\alpha t$$

$$+ 2^{p-1} a^{p(\alpha-1)} \left(\sigma(b) - a \right)^p \int_{[a,b)_{\mathbb{T}}} \left| T_\alpha(u)_n(t) - g(t) \right|^2 \Delta^\alpha t$$

$$\to 0, \quad n \to \infty. \tag{2.4.18}$$

最后, 结合注 2.5, (2.4.16) 式和 (2.4.18) 式以及定理 2.16, 可找到

$x \in V_{\Delta;a,b}^{\alpha,p}([a,b]_{\mathbb{T}}, \mathbb{R}^N) \subset W_{\Delta;a,b}^{\alpha,p}([a,b]_{\mathbb{T}}, \mathbb{R}^N)$ 使得

$$\|u_n - x\|_{W_{\Delta;a,b}^{\alpha,p}} \to 0, \quad n \to \infty.$$

至此, 已证明了线性赋范空间 $W_{\Delta;a,b}^{\alpha,p}([a,b]_{\mathbb{T}}, \mathbb{R}^N)$ 的完备性. 因此, 线性赋范空间 $W_{\Delta;a,b}^{\alpha,p}([a,b]_{\mathbb{T}}, \mathbb{R}^N)$ 关于范数 $\|\cdot\|_{W_{\Delta;a,b}^{\alpha,p}}$ 是 Banach 空间.

显然, Banach 空间 $H_{\Delta;a,b}^{\alpha}$ 关于内积

$$\langle u, v \rangle_{H_{\Delta;a,b}^{\alpha}} = \int_{[a,b)_{\mathbb{T}}} \left(u^{\sigma}(t), v^{\sigma}(t) \right) \Delta^{\alpha} t$$
$$+ \int_{[a,b)_{\mathbb{T}}} \left(T_{\alpha}(u)(t), T_{\alpha}(v)(t) \right) \Delta^{\alpha} t, \quad \forall u, v \in H_{\Delta;a,b}^{\alpha}$$

是 Hilbert 空间. ■

至此, 我们已经定义了时标上的共形分数阶 Sobolev 空间 $W_{\Delta;a,b}^{\alpha,p}$ $([a,b]_{\mathbb{T}}, \mathbb{R}^N)$. 目的在于准备将其作为构造变分泛函的工作空间研究时标上的共形分数阶微分方程边值问题解的存在性和多解性. 为达此目的, 我们将继续探索 Sobolev 空间 $W_{\Delta;a,b}^{\alpha,p}([a,b]_{\mathbb{T}}, \mathbb{R}^N)$ 的一些诸如一致凸性、自反性、嵌入定理等重要性质.

定理 2.18　当 $p \in (1, +\infty)$ 时, 空间 $W_{\Delta;a,b}^{\alpha,p}([a,b]_{\mathbb{T}}, \mathbb{R}^N)$ 是一致凸的、自反的 Banach 空间.

证明　利用 Clarkson 不等式可得, 当 $p \in [2, +\infty)$ 时,

$$\left\| \frac{1}{2}(u^{\sigma} + v^{\sigma}) \right\|_{L_{\alpha,\Delta}^p}^p + \left\| \frac{1}{2}(u^{\sigma} - v^{\sigma}) \right\|_{L_{\alpha,\Delta}^p}^p$$
$$\leqslant \frac{1}{2}\|u^{\sigma}\|_{L_{\alpha,\Delta}^p}^p + \frac{1}{2}\|v^{\sigma}\|_{L_{\alpha,\Delta}^p}^p, \tag{2.4.19}$$

$$\left\| \frac{1}{2}(T_{\alpha}(u) + T_{\alpha}(v)) \right\|_{L_{\alpha,\Delta}^p}^p + \left\| \frac{1}{2}(T_{\alpha}(u) - T_{\alpha}(v)) \right\|_{L_{\alpha,\Delta}^p}^p$$
$$\leqslant \frac{1}{2}\|T_{\alpha}(u)\|_{L_{\alpha,\Delta}^p}^p + \frac{1}{2}\|T_{\alpha}(v)\|_{L_{\alpha,\Delta}^p}^p, \tag{2.4.20}$$

当 $p \in (1, 2]$ 时,

$$\left\| \frac{1}{2}(u^\sigma + v^\sigma) \right\|^q_{L^p_{\alpha,\Delta}} + \left\| \frac{1}{2}(u^\sigma - v^\sigma) \right\|^q_{L^p_{\alpha,\Delta}}$$

$$\leqslant \left(\frac{1}{2} \|u^\sigma\|^p_{L^p_{\alpha,\Delta}} + \frac{1}{2} \|v^\sigma\|^p_{L^p_{\alpha,\Delta}} \right)^{q-1}, \tag{2.4.21}$$

$$\left\| \frac{1}{2}(T_\alpha(u) + T_\alpha(v)) \right\|^q_{L^p_{\alpha,\Delta}} + \left\| \frac{1}{2}(T_\alpha(u) - T_\alpha(v)) \right\|^q_{L^p_{\alpha,\Delta}}$$

$$\leqslant \left(\frac{1}{2} \|T_\alpha(u)\|^p_{L^p_{\alpha,\Delta}} + \frac{1}{2} \|T_\alpha(v)\|^p_{L^p_{\alpha,\Delta}} \right)^{q-1}, \tag{2.4.22}$$

其中 $\frac{1}{p} + \frac{1}{q} = 1$.

下证: $\forall \epsilon > 0$, 存在 $\delta > 0$ 使得对任意的 $u, v \in W^{\alpha,p}_{\Delta;a,b}([a,b]_\mathbb{T}, \mathbb{R}^N)$, $\|u\|_{W^{\alpha,p}_{\Delta;a,b}} = \|v\|_{W^{\alpha,p}_{\Delta;a,b}} = 1$, 而且当 $\|u - v\|_{W^{\alpha,p}_{\Delta;a,b}} \geqslant \epsilon$ 时有

$$\left\| \frac{1}{2}(u + v) \right\|_{W^{\alpha,p}_{\Delta;a,b}} < \delta.$$

事实上, 当 $p \in [2, +\infty)$ 时, 由 (2.4.19) 式和 (2.4.20) 式可推出

$$\left\| \frac{1}{2}(u+v) \right\|^p_{W^{\alpha,p}_{\Delta;a,b}} = \left\| \frac{1}{2}(u^\sigma + v^\sigma) \right\|^p_{L^p_{\alpha,\Delta}} + \left\| \frac{1}{2}(T_\alpha(u) + T_\alpha(v)) \right\|^p_{L^p_{\alpha,\Delta}}$$

$$\leqslant \frac{1}{2} \|u^\sigma\|^p_{L^p_{\alpha,\Delta}} + \frac{1}{2} \|v^\sigma\|^p_{L^p_{\alpha,\Delta}} + \frac{1}{2} \|T_\alpha(u)\|^p_{L^p_{\alpha,\Delta}}$$

$$+ \frac{1}{2} \|T_\alpha(v)\|^p_{L^p_{\alpha,\Delta}}$$

$$- \left\| \frac{1}{2}(u^\sigma - v^\sigma) \right\|^p_{L^p_{\alpha,\Delta}} - \left\| \frac{1}{2}(T_\alpha(u) - T_\alpha(v)) \right\|^p_{L^p_{\alpha,\Delta}}$$

$$= \frac{1}{2} \|u\|^p_{W^{\alpha,p}_{\Delta;a,b}} + \frac{1}{2} \|v\|^p_{W^{\alpha,p}_{\Delta;a,b}} - \left\| \frac{1}{2}(u - v) \right\|^p_{W^{\alpha,p}_{\Delta;a,b}}$$

$$\leqslant 1 - \left(\frac{\epsilon}{2} \right)^p, \tag{2.4.23}$$

此时取 $\delta = \left(1 - \left(\frac{\epsilon}{2}\right)^p\right)^{\frac{1}{p}}$ 即得结论. 当 $p \in (1, 2]$ 时, 由 (2.4.21) 式和 (2.4.22) 式可推出

$$
\left\|\frac{1}{2}(u+v)\right\|_{W_{\Delta;a,b}^{\alpha,p}}^{q}
$$
$$
= \left(\left\|\frac{1}{2}(u+v)\right\|_{W_{\Delta;a,b}^{\alpha,p}}^{p}\right)^{\frac{q}{p}}
$$
$$
= \left(\left\|\frac{1}{2}(u+v)\right\|_{W_{\Delta;a,b}^{\alpha,p}}^{p}\right)^{q-1}
$$
$$
= \left(\left\|\frac{1}{2}(u^\sigma+v^\sigma)\right\|_{L_{\alpha,\Delta}^{p}}^{p} + \left\|\frac{1}{2}(T_\alpha(u)+T_\alpha(v))\right\|_{L_{\alpha,\Delta}^{p}}^{p}\right)^{q-1}
$$
$$
\leqslant 2^{q-2}\left\|\frac{1}{2}(u^\sigma+v^\sigma)\right\|_{L_{\alpha,\Delta}^{p}}^{q} + 2^{q-2}\left\|\frac{1}{2}(T_\alpha(u)+T_\alpha(v))\right\|_{L_{\alpha,\Delta}^{p}}^{q}
$$
$$
\leqslant 2^{q-2}\left(\frac{1}{2}\|u^\sigma\|_{L_{\alpha,\Delta}^{p}}^{p} + \frac{1}{2}\|v^\sigma\|_{L_{\alpha,\Delta}^{p}}^{p}\right)^{q-1}
$$
$$
+ 2^{q-2}\left(\frac{1}{2}\|T_\alpha(u)\|_{L_{\alpha,\Delta}^{p}}^{p} + \frac{1}{2}\|T_\alpha(v)\|_{L_{\alpha,\Delta}^{p}}^{p}\right)^{q-1}
$$
$$
- 2^{q-2}\left\|\frac{1}{2}(u^\sigma-v^\sigma)\right\|_{L_{\alpha,\Delta}^{p}}^{q} - 2^{q-2}\left\|\frac{1}{2}(T_\alpha(u)-T_\alpha(v))\right\|_{L_{\alpha,\Delta}^{p}}^{q}
$$
$$
\leqslant 2^{q-2}\left(2 - \left(\frac{\epsilon}{2}\right)^q\right), \tag{2.4.24}
$$

此时取 $\delta = 2^{q-2}\left(2 - \left(\frac{\epsilon}{2}\right)^q\right)$ 即得结论. 所以由 (2.4.23) 式和 (2.4.24) 式可知, 空间 $W_{\Delta;a,b}^{\alpha,p}([a,b]_{\mathbb{T}}, \mathbb{R}^N)$ 是一致凸的 Banach 空间. 根据泛函分析中的结论, 一致凸的 Banach 空间就是自反的. ■

定理 2.19　存在常数 $K = K(p) > 0$ 使得不等式

$$
\|u\|_\infty \leqslant K\|u\|_{W_{\Delta;a,b}^{\alpha,p}} \tag{2.4.25}
$$

对一切 $u \in W^{\alpha,p}_{\Delta;a,b}([a,b]_{\mathbb{T}}, \mathbb{R}^N)$ 成立, 这里 $\|u\|_\infty = \max\limits_{t \in [a,b]_{\mathbb{T}}} |u(t)|$. 特别的, 如果 $\int_{[a,b)_{\mathbb{T}}} u(t)\, \Delta^\alpha t = 0$, 那么不等式

$$\|u\|_\infty \leqslant K\|T_\alpha(u)\|_{L^p_{\alpha,\Delta}} \tag{2.4.26}$$

成立.

证明 因为在 $\mathbb{R}^N$ 中, 向量收敛等价于其坐标收敛, 所以只需证明 $N = 1$ 即可.

一般地, 当 $u \in W^{\alpha,p}_{\Delta;a,b}([a,b]_{\mathbb{T}}, \mathbb{R}^N)$ 时, 根据定理 2.16, $U(t) = \int_{[a,t)_{\mathbb{T}}} |u(s)|\, \Delta^\alpha s$ 在区间 $[a,b]_{\mathbb{T}}$ 上绝对连续. 利用定理 2.2 可知, 存在 $\zeta \in [a,b)_{\mathbb{T}}$ 使得

$$|u(\zeta)| \leqslant \frac{U(b) - U(a)}{b - a} \max\{b^{1-\alpha}, 1\} = \frac{\max\{b^{1-\alpha}, 1\}}{b - a} \int_{[a,b)_{\mathbb{T}}} |u(s)|\, \Delta^\alpha s. \tag{2.4.27}$$

故对 $t \in [a,b]_{\mathbb{T}}$, 应用定理 2.2, 定理 2.6 和 (2.4.27) 式可推出

$$\begin{aligned}
|u(t)| &= \left| u(\zeta) + \int_{[\zeta,t)_{\mathbb{T}}} T_\alpha(u)(s)\, \Delta^\alpha s \right| \\
&\leqslant |u(\zeta)| + \int_{[a,b)_{\mathbb{T}}} |T_\alpha(u)(s)|\, \Delta^\alpha s \\
&\leqslant \frac{\max\{b^{1-\alpha}, 1\}}{b - a} \int_{[a,b)_{\mathbb{T}}} |u(s)|\, \Delta^\alpha s \\
&\quad + \left[\max\{a^{\alpha-1}, 1\}(b-a) \right]^{\frac{1}{q}} \left(\int_{[a,b)_{\mathbb{T}}} |T_\alpha(u)(s)|^p\, \Delta^\alpha s \right)^{\frac{1}{p}} \\
&= \frac{\max\{b^{1-\alpha}, 1\}}{b - a} \int_{[a,b)_{\mathbb{T}}} |u^\sigma(s) - \mu(s)s^{\alpha-1}T_\alpha(u)(s)|\, \Delta^\alpha s \\
&\quad + \widetilde{K} \left(\int_{[a,b)_{\mathbb{T}}} |T_\alpha(u)(s)|^p\, \Delta^\alpha s \right)^{\frac{1}{p}} \\
&\leqslant \frac{\max\{b^{1-\alpha}, 1\}}{b - a} \int_{[a,b)_{\mathbb{T}}} |u^\sigma(s)|\, \Delta^\alpha s
\end{aligned}$$

$$+ \max\{a^{\alpha-1}, 1\}(\sigma(b) - a)\frac{\max\{b^{1-\alpha}, 1\}}{b - a} \int_{[a,b)_{\mathbb{T}}} |T_\alpha(u)(s)| \, \Delta^\alpha s$$

$$+ \widetilde{K} \left(\int_{[a,b)_{\mathbb{T}}} |T_\alpha(u)(s)|^p \, \Delta^\alpha s \right)^{\frac{1}{p}}$$

$$\leqslant \frac{\max\{b^{1-\alpha}, 1\}}{b - a} \widetilde{K} \left(\int_{[a,b)_{\mathbb{T}}} |u^\sigma(s)|^p \, \Delta^\alpha s \right)^{\frac{1}{p}}$$

$$+ \max\{a^{\alpha-1}, 1\}(\sigma(b) - a)\frac{\max\{b^{1-\alpha}, 1\}}{b - a} \widetilde{K}$$

$$\times \left(\int_{[a,b)_{\mathbb{T}}} |T_\alpha(u)(s)|^p \, \Delta^\alpha s \right)^{\frac{1}{p}}$$

$$+ \widetilde{K} \left(\int_{[a,b)_{\mathbb{T}}} |T_\alpha(u)(s)|^p \, \Delta^\alpha s \right)^{\frac{1}{p}}$$

$$\leqslant K \|u\|_{W^{\alpha,p}_{\Delta;a,b}}, \tag{2.4.28}$$

这里 $\frac{1}{p} + \frac{1}{q} = 1, \widetilde{K} = \left[\max\{a^{\alpha-1}, 1\}(b - a) \right]^{\frac{1}{q}}, K = \widetilde{K} \left(\frac{\max\{b^{1-\alpha}, 1\}}{b - a} + \max\{a^{\alpha-1}, 1\}(\sigma(b) - a)\frac{\max\{b^{1-\alpha}, 1\}}{b - a} + 1 \right)$. 由 (2.4.28) 式可推得 (2.4.25) 式成立.

当 $u \in W^{\alpha,p}_{\Delta;a,b}([a,b]_{\mathbb{T}}, \mathbb{R}^N)$ 且 $\int_{[a,b)_{\mathbb{T}}} u(t) \, \Delta^\alpha t = 0$ 时, 根据定理 2.16,

$$\widetilde{U}(t) = \int_{[a,t)_{\mathbb{T}}} u(s) \, \Delta^\alpha s$$

在区间 $[a,b]_{\mathbb{T}}$ 上绝对连续. 利用定理 2.2 可知, 存在 $\widetilde{\zeta} \in [a,b)_{\mathbb{T}}$ 使得

$$u(\widetilde{\zeta}) = 0. \tag{2.4.29}$$

故对 $t \in [a,b]_{\mathbb{T}}$, 应用定理 2.6 和 (2.4.29) 式可推出

$$|u(t)| = \left| u(\widetilde{\zeta}) + \int_{[\widetilde{\zeta},t)_{\mathbb{T}}} T_\alpha(u)(s) \, \Delta^\alpha s \right|$$

$$= \left| \int_{[\widetilde{\zeta},t)_{\mathbb{T}}} T_\alpha(u)(s) \, \Delta^\alpha s \right|$$

$$\leqslant \int_{[a,b)_{\mathbb{T}}} \left| T_\alpha(u)(s) \right| \Delta^\alpha s$$

$$\leqslant \left[\max\{a^{\alpha-1}, 1\}(b-a) \right]^{\frac{1}{q}} \left(\int_{[a,b)_{\mathbb{T}}} |T_\alpha(u)(s)|^p \, \Delta^\alpha s \right)^{\frac{1}{p}}$$

$$\leqslant \widetilde{K} \left(\int_{[a,b)_{\mathbb{T}}} |T_\alpha(u)(s)|^p \, \Delta^\alpha s \right)^{\frac{1}{p}}$$

$$\leqslant K \|T_\alpha(u)\|_{L^p_{\alpha,\Delta}}. \tag{2.4.30}$$

由 (2.4.30) 式可推得 (2.4.26) 式成立. ∎

注 2.6 由定理 2.19 可看出空间 $W^{\alpha,p}_{\Delta;a,b}([a,b]_{\mathbb{T}}, \mathbb{R}^N)$ 可连续嵌入到空间 $C([a,b]_{\mathbb{T}}, \mathbb{R}^N)$ 中, 这里空间 $C([a,b]_{\mathbb{T}}, \mathbb{R}^N)$ 取无穷范数 $\|\cdot\|_\infty$.

定理 2.20 假设 $p > 1$, 如果序列 $\{u_k\}_{k\in\mathbb{N}} \subset W^{\alpha,p}_{\Delta;a,b}([a,b]_{\mathbb{T}}, \mathbb{R}^N)$ 在空间 $W^{\alpha,p}_{\Delta;a,b}([a,b]_{\mathbb{T}}, \mathbb{R}^N)$ 中弱收敛到 u, 那么 $\{u_k\}_{k\in\mathbb{N}}$ 在空间 $C([a,b]_{\mathbb{T}}, \mathbb{R}^N)$ 中一致收敛到 u.

证明 因为 $\{u_k\}_{k\in\mathbb{N}}$ 在空间 $W^{\alpha,p}_{\Delta;a,b}([a,b]_{\mathbb{T}}, \mathbb{R}^N)$ 中弱收敛到 u, 根据空间 $W^{\alpha,p}_{\Delta;a,b}([a,b]_{\mathbb{T}}$ 的自反性, 序列 $\{u_k\}_{k\in\mathbb{N}}$ 在 $W^{\alpha,p}_{\Delta;a,b}([a,b]_{\mathbb{T}}, \mathbb{R}^N)$ 中有界, 因此, 在 $C([a,b]_{\mathbb{T}}, \mathbb{R}^N)$ 中也有界. 从注 2.6 中可得 $\{u_k\}_{k\in\mathbb{N}}$ 在空间 $C([a,b]_{\mathbb{T}}, \mathbb{R}^N)$ 中弱收敛到 u. 对 $t_1, t_2 \in [a,b]_{\mathbb{T}}, t_1 \leqslant t_2$, 根据 $\{u_k\}_{k\in\mathbb{N}}$ 在 $C([a,b]_{\mathbb{T}}, \mathbb{R}^N)$ 中的有界性知, 存在 $C_1 > 0$ 使得

$$|u_k(t_2) - u_k(t_1)| \leqslant \int_{[t_1,t_2]_{\mathbb{T}}} |T_\alpha(u_k)(s)| \, \Delta^\alpha s$$

$$\leqslant \left[\max\left\{t_1^{\alpha-1}, 1\right\}(t_2 - t_1) \right]^{\frac{1}{q}} \left(\int_{[t_1,t_2]_{\mathbb{T}}} |T_\alpha(u_k)(s)|^p \, \Delta^\alpha s \right)^{\frac{1}{p}}$$

$$\leqslant (t_2 - t_1)^{\frac{1}{q}} \max\{t_1^{\alpha-1}, 1\}^{\frac{1}{q}} \|u_k\|_{W^{\alpha,p}_{\Delta;a,b}}$$

$$\leqslant C_1 (t_2 - t_1)^{\frac{1}{q}}.$$

鉴于此, 易知 $\{u_k\}_{k\in\mathbb{N}}$ 是等度连续的. 利用 Ascoli-Arzela 定理可知,

$\{u_k\}_{k\in\mathbb{N}}$ 在空间 $C([a,b]_\mathbb{T},\mathbb{R}^N)$ 中列紧. 由空间 $C([a,b]_\mathbb{T},\mathbb{R}^N)$ 中弱极限的唯一性知, 每个 $\{u_k\}_{k\in\mathbb{N}}$ 在空间 $C([a,b]_\mathbb{T},\mathbb{R}^N)$ 中一致收敛的子列都在空间 $C([a,b]_\mathbb{T},\mathbb{R}^N)$ 中收敛于 u. 因此, $\{u_k\}_{k\in\mathbb{N}}$ 在空间 $C([a,b]_\mathbb{T},\mathbb{R}^N)$ 中一致收敛到 u. ∎

注 2.7　由定理 2.20 知, 空间 $W^{\alpha,p}_{\Delta;a,b}([a,b]_\mathbb{T},\mathbb{R}^N)$ 到空间 $C([a,b]_\mathbb{T},\mathbb{R}^N)$ 的嵌入是紧的, 这里空间 $C([a,b]_\mathbb{T},\mathbb{R}^N)$ 取无穷范数 $\|\cdot\|_\infty$.

定理 2.21　假设 $L:[a,b]_\mathbb{T}\times\mathbb{R}^N\times\mathbb{R}^N\to\mathbb{R},(t,x,y)\to L(t,x,y)$ 对任意 $(x,y)\in\mathbb{R}^N\times\mathbb{R}^N$ 关于 t Δ-可测, 对 Δ-几乎处处的 $t\in[a,b]_\mathbb{T}$ 关于 (x,y) 连续可微. 如果存在 $\widehat{a}\in C(\mathbb{R}^+,\mathbb{R}^+),\widehat{b}\in L^1_{\alpha,\Delta}([a,b]_\mathbb{T},\mathbb{R}^+)$, $\widehat{c}\in L^q_{\alpha,\Delta}([a,b]_\mathbb{T},\mathbb{R}^+)(1<q<+\infty)$ 使得对 Δ-几乎处处的 $t\in[a,b]_\mathbb{T}$ 和任意的 $(x,y)\in\mathbb{R}^N\times\mathbb{R}^N$, 有

$$\begin{cases} |L(t,x,y)|\leqslant\widehat{a}(|x|)\big(\widehat{b}(t)+|y|^p\big), \\ |L_x(t,x,y)|\leqslant\widehat{a}(|x|)\big(\widehat{b}(t)+|y|^p\big), \\ |L_y(t,x,y)|\leqslant\widehat{a}(|x|)\big(\widehat{c}(t)+|y|^{p-1}\big), \end{cases} \quad (2.4.31)$$

这里 $\dfrac{1}{p}+\dfrac{1}{q}=1$, 那么如下定义的泛函 $\Phi:W^{\alpha,p}_{\Delta;a,b}([a,b]_\mathbb{T},\mathbb{R}^N)\to\mathbb{R}$,

$$\Phi(u)=\int_{[a,b)_\mathbb{T}}L\big(\sigma(t),u^\sigma(t),T_\alpha(u)(t)\big)\Delta^\alpha t$$

在空间 $W^{\alpha,p}_{\Delta;a,b}([a,b]_\mathbb{T},\mathbb{R}^N)$ 上连续可微, 而且

$$\begin{aligned} \langle\Phi'(u),v\rangle=&\int_{[a,b)_\mathbb{T}}\Big(L_x\big(\sigma(t),u^\sigma(t),T_\alpha(u)(t)\big),v^\sigma(t)\Big)\Delta^\alpha t \\ &+\int_{[a,b)_\mathbb{T}}\Big(L_y\big(\sigma(t),u^\sigma(t),T_\alpha(u)(t)\big),T_\alpha(v)(t)\Big)\Delta^\alpha t \quad (2.4.32) \end{aligned}$$

对一切 $v\in W^{\alpha,p}_{\Delta;a,b}([a,b]_\mathbb{T},\mathbb{R}^N)$ 成立.

证明　由文献 [47] 中的推论 2.1 知, 只需证明 Φ 在每一点 u 处的 Gateaux 导数 $\Phi'(u)\in\big(W^{\alpha,p}_{\Delta,T}([a,b]_\mathbb{T},\mathbb{R}^N)\big)^*$ 由 (2.4.32) 式给出, 而且 Φ

的 Gateaux 导算子

$$\Phi' : W^{\alpha,p}_{\Delta;a,b}([a,b]_{\mathbb{T}}, \mathbb{R}^N) \to \left(W^{\alpha,p}_{\Delta;a,b}([a,b]_{\mathbb{T}}, \mathbb{R}^N) \right)^*$$

连续即可.

事实上, 一方面, 由假设条件 (2.4.31) 知, Φ 在 $W^{\alpha,p}_{\Delta;a,b}([a,b]_{\mathbb{T}}, \mathbb{R}^N)$ 上处处存在且有限. 固定 $u, v \in W^{\alpha,p}_{\Delta;a,b}([a,b]_{\mathbb{T}}, \mathbb{R}^N)$, 对 $t \in [a,b)_{\mathbb{T}}, \lambda \in [-1,1]$, 定义

$$G(\lambda, t) = L\big(\sigma(t), u^\sigma(t) + \lambda v^\sigma(t), T_\alpha(u)(t) + \lambda T_\alpha(v)(t)\big)$$

及

$$\Psi(\lambda) = \int_{[a,b)_{\mathbb{T}}} G(\lambda, t)\, \Delta^\alpha t = \Phi(u + \lambda v).$$

据条件 (2.4.31), 有

$$\begin{aligned}
&\big| D_\lambda G(\lambda, t) \big| \\
&\leqslant \left| \Big(D_x L\big(\sigma(t), u^\sigma(t) + \lambda v^\sigma(t), T_\alpha(u)(t) + \lambda T_\alpha(v)(t)\big), v^\sigma(t) \Big) \right| \\
&\quad + \left| \Big(D_y L\big(\sigma(t), u^\sigma(t) + \lambda v^\sigma(t), T_\alpha(u)(t) + \lambda T_\alpha(v)(t)\big), T_\alpha(v)(t) \Big) \right| \\
&\leqslant \widehat{a}\big(|u^\sigma(t) + \lambda v^\sigma(t)|\big)\big(\widehat{b}^\sigma(t) + |T_\alpha(u)(t) + \lambda T_\alpha(v)(t)|^p\big)|v^\sigma(t)| \\
&\quad + \widehat{a}\big(|u^\sigma(t) + \lambda v^\sigma(t)|\big)\big(\widehat{c}^\sigma(t) + |T_\alpha(u)(t) + \lambda T_\alpha(v)(t)|^{p-1}\big)|T_\alpha(v)(t)| \\
&\leqslant \overline{a}\Big(\widehat{b}^\sigma(t) + \big(|T_\alpha(u)(t)| + |T_\alpha(v)(t)|\big)^p\Big)|v^\sigma(t)| \\
&\quad + \overline{a}\Big(\widehat{c}^\sigma(t) + \big(|T_\alpha(u)(t)| + |T_\alpha(v)(t)|\big)^{p-1}\Big)|T_\alpha(v)(t)| \\
&\triangleq d(t), \tag{2.4.33}
\end{aligned}$$

这里

$$\overline{a} = \max_{(\lambda,t) \in [-1,1] \times [a,b]_{\mathbb{T}}} \widehat{a}\big(|u(t) + \lambda v(t)|\big).$$

然后, 由 d 的定义知, $d \in L^1_{\alpha,\Delta}([a,b)_{\mathbb{T}}, \mathbb{R}^+)$. 又因为 $\widehat{b} \in L^1_{\alpha,\Delta}([a,b)_{\mathbb{T}}, \mathbb{R}^+)$, $(|T_\alpha(u)| + |T_\alpha(v)|)^p \in L^1_{\alpha,\Delta}([a,b)_{\mathbb{T}}, \mathbb{R})$, $\widehat{c} \in L^q_{\alpha,\Delta}([a,b]_{\mathbb{T}}, \mathbb{R}^+)$, 故

$$|D_\lambda G(\lambda, t)| \leqslant d(t),$$

且

$$
\begin{aligned}
\Psi'(0) &= \int_{[a,b)_{\mathbb{T}}} D_\lambda G(0,t) \, \Delta^\alpha t \\
&= \int_{[a,b)_{\mathbb{T}}} \Big(D_x L\big(\sigma(t), u^\sigma(t), T_\alpha(u)(t)\big), v^\sigma(t) \Big) \Delta^\alpha t \\
&\quad + \int_{[a,b)_{\mathbb{T}}} \Big(D_y L\big(\sigma(t), u^\sigma(t), T_\alpha(u)(t)\big), T_\alpha(v)(t) \Big) \Delta^\alpha t. \quad (2.4.34)
\end{aligned}
$$

另一方面, (2.4.31) 式蕴含

$$|D_x L\big(\sigma(t), u^\sigma(t), T_\alpha(u)(t)\big)| \leqslant \widehat{a}(|u^\sigma(t)|)\big(\widehat{b}^\sigma(t) + |T_\alpha(u)(t)|^p\big) \triangleq \psi_1(t),$$
$$(2.4.35)$$

$$|D_y L\big(\sigma(t), u^\sigma(t), T_\alpha(u)(t)\big)| \leqslant \widehat{a}(|u^\sigma(t)|)\big(\widehat{c}^\sigma(t) + |T_\alpha(u)(t)|^{p-1}\big) \triangleq \psi_2(t),$$
$$(2.4.36)$$

这样, 有 $\psi_1 \in L^1_{\alpha,\Delta}([a,b)_{\mathbb{T}}, \mathbb{R}^+)$, $\psi_2 \in L^q_{\alpha,\Delta}([a,b)_{\mathbb{T}}, \mathbb{R}^+)$. 接下来, 应用定理 2.19, (2.4.34)—(2.4.36) 式可知, 存在正常数 C_2, C_3, C_4 使得

$$
\begin{aligned}
&\int_{[a,b)_{\mathbb{T}}} \Big(D_x L\big(\sigma(t), u^\sigma(t), T_\alpha(u)(t)\big), v^\sigma(t) \Big) \Delta^\alpha t \\
&\quad + \int_{[a,b)_{\mathbb{T}}} \Big(D_y L\big(\sigma(t), u^\sigma(t), T_\alpha(u)(t)\big), T_\alpha(v)(t) \Big) \Delta^\alpha t \\
&\leqslant C_2 \|v\|_\infty + C_3 \|T_\alpha(v)\|_{L^p_\Delta} \\
&\leqslant C_4 \|v\|_{W^{\alpha,p}_{\Delta;a,b}}
\end{aligned}
$$

而且 Φ 在点 u 处的 Gateaux 导数 $\Phi'(u) \in (W^{\alpha,p}_{\Delta;a,b}([a,b]_{\mathbb{T}}, \mathbb{R}^N))^*$ 由 (2.4.32) 式给出.

最后, (2.4.31) 式说明从空间 $W^{\alpha,p}_{\Delta;a,b}([a,b]_{\mathbb{T}},\mathbb{R}^N)$ 到空间 $L^1_{\alpha,\Delta}([a,b]_{\mathbb{T}},$ $\mathbb{R}^N) \times L^q_{\alpha,\Delta}([a,b]_{\mathbb{T}},\mathbb{R}^N)$ 的算子

$$u \to \Big(D_x L\big(\cdot, u^\sigma, T_\alpha(u)\big), D_y L\big(\cdot, u^\sigma, T_\alpha(u)\big) \Big)$$

连续, 故 Φ' 是从 $W^{\alpha,p}_{\Delta;a,b}([a,b]_{\mathbb{T}},\mathbb{R}^N)$ 到 $(W^{\alpha,p}_{\Delta;a,b}([a,b]_{\mathbb{T}},\mathbb{R}^N))^*$ 的连续算子. ∎

2.5　小　　结

在本章中, 我们首先完善了文献 [34] 中提出的时标上的共形分数阶微积分的相关性质, 如中值定理等. 然后在时标上的共形分数阶微积分理论的基础上, 我们建立了时标上的共形分数阶 Sobolev 空间 $W^{\alpha,p}_{\Delta;a,b}([a,$ $b]_{\mathbb{T}},\mathbb{R}^N)$(定义 2.21), 并研究了空间 $W^{\alpha,p}_{\Delta;a,b}([a,b]_{\mathbb{T}},\mathbb{R}^N)$ 的完备性 (定理 2.17)、自反性 (定理 2.18)、一致凸性 (定理 2.18)、嵌入定理 (定理 2.19 和定理 2.20) 和其上一类泛函的连续可微性 (定理 2.21) 等重要性质. 这一空间的建立, 为应用变分方法中的临界点理论研究时标上的共形分数阶微分方程边值问题提供了构造变分泛函的工作空间, 搭建了应用变分方法中的临界点理论研究时标上的共形分数阶微分方程边值问题的变分框架. 但我们建立的是时标上的共形分数阶 Sobolev 空间, 而分数阶导数的形式有很多种, 如黎曼–刘维尔分数阶导数和卡普托分数阶导数等. 因此, 如何定义时标上的黎曼–刘维尔分数阶导数和卡普托分数阶导数并建立相应的 Sobolev 空间理论有待于我们进一步去解决.

第3章 时标上的共形分数阶 p-Laplacian 微分方程边值问题解的存在性

3.1 引　言

本章中, 作为时标上的共形分数阶 Sobolev 空间 $W_{\Delta;a,b}^{\alpha,p}([a,b]_{\mathbb{T}},\mathbb{R}^N)$ 在变分法中的首次应用, 我们将空间 $W_{\Delta;a,b}^{\alpha,p}([a,b]_{\mathbb{T}},\mathbb{R}^N)$ 作为工作空间, 应用变分方法中的临界点理论研究时标 $\mathbb{T}$ 上的共形分数阶 p-Laplacian 微分方程边值问题:

$$\begin{cases} T_\alpha\big(|T_\alpha(u)|^{p-2}T_\alpha(u)\big)(t)=\nabla F\big(\sigma(t),u(\sigma(t))\big), \quad \Delta\text{-a.e. } t\in[a,b]_{\mathbb{T}}^{\kappa^2}, \\ u(a)-u(b)=0, T_\alpha(u)(a)-T_\alpha(u)(b)=0, \end{cases}$$

$$(3.1.1)$$

其中 $T_\alpha(u)(t)$ 表示 u 在点 t 处的 α 阶共形分数阶导数, $a,b\in\mathbb{T}, 0<a<b, p>1$, 函数 $F:[a,b]_{\mathbb{T}}\times\mathbb{R}^N\to\mathbb{R}$ 满足条件:

(A) $F(t,x)$ 对每个 $x\in\mathbb{R}^N$ 关于 t 是 Δ-可测的, 对 Δ-几乎处处的 $t\in[a,b]_{\mathbb{T}}$ 关于 x 是连续可微的, 并且存在 $\widehat{a}\in C(\mathbb{R}^+,\mathbb{R}^+), \widehat{b}\in L_{\alpha,\Delta}^1([a,b]_{\mathbb{T}},\mathbb{R}^+)$ 使得对所有的 $x\in\mathbb{R}^N$ 和 Δ-几乎处处的 $t\in[a,b]_{\mathbb{T}}$, 有

$$|F(t,x)|\leqslant\widehat{a}(|x|)\widehat{b}(t), \quad |\nabla F(t,x)|\leqslant\widehat{a}(|x|)\widehat{b}(t),$$

其中 $\nabla F(t,x)$ 表示 $F(t,x)$ 关于变量 x 的梯度.

我们在空间 $W_{\Delta;a,b}^{\alpha,p}([a,b]_{\mathbb{T}},\mathbb{R}^N)$ 上构造问题 (3.1.1) 对应的变分泛函, 将寻求问题 (3.1.1) 的解转化为寻求其对应的变分泛函的临界点. 实现应

用变分方法研究时标上的共形分数阶微分方程边值问题的新突破, 所得结果将统一和推广对实数域 $\mathbb{R}$ 上的共形分数阶微分方程边值问题和时标上的微分方程边值问题的研究.

问题 (3.1.1) 简化后就是以下已研究过的边值问题. 即, 当 $\mathbb{T}=\mathbb{R}, \alpha=1$ 时, 问题 (3.1.1) 简化为如下 p-Laplacian 边值问题:

$$\begin{cases} \left(|u'(t)|^{p-2}u'(t)\right)' = \nabla F(t, u(t)), & \text{a.e. } t \in [a, b], \\ u(a) - u(b) = 0, u'(a) - u'(b) = 0; \end{cases} \tag{3.1.2}$$

当 $\alpha=1$ 时, 问题 (3.1.1) 简化为如下时标 $\mathbb{T}$ 上的 p-Laplacian 边值问题:

$$\begin{cases} (|u^{\Delta}(t)|^{p-2}u^{\Delta}(t))^{\Delta} = \nabla F\big(\sigma(t), u(\sigma(t))\big), & \Delta\text{-a.e. } t \in [a, b]_{\mathbb{T}}^{\kappa^2}, \\ u(a) - u(b) = 0, u^{\Delta}(a) - u^{\Delta}(b) = 0; \end{cases} \tag{3.1.3}$$

当 $p=2, \alpha=1, \mathbb{T}=\mathbb{R}$ 时, 问题 (3.1.1) 简化为如下二阶 Hamiltonian 系统:

$$\begin{cases} \ddot{u}(t) = \nabla F(t, u(t)), & \text{a.e. } t \in [a, b], \\ u(a) - u(b) = 0, \dot{u}(a) - \dot{u}(b) = 0; \end{cases} \tag{3.1.4}$$

而当 $\mathbb{T}=\mathbb{Z}, \alpha=1, b-a \geqslant 3$ 时, 问题 (3.1.1) 简化为如下离散 p-Laplacian 边值问题:

$$\begin{cases} \Delta(|\Delta u(t)|^{p-2}\Delta u(t)) = \nabla F(t, u(t)), & t \in [a, b-1] \cap \mathbb{Z}, \\ u(a) - u(b) = 0, \Delta u(a) - \Delta u(b) = 0. \end{cases} \tag{3.1.5}$$

工程技术、信号传输、神经网络、种群动力学中的许多动力学过程都可用边值问题 (3.1.2)—(3.1.5) 来模拟. 边值问题 (3.1.2)—(3.1.5) 引起了许多研究者的广泛关注, 许多研究者已应用变分方法对其做了大量的研究工作, 并获得了一系列有意义的研究成果, 可参见文献 [41] 及文献 [48]— [55]. 尽管如此, 对于问题 (3.1.1), 据我所知, 当 $\alpha \in (0,1), \mathbb{T} = \mathbb{R}$ 时, 在我们之前, 还没有研究者应用变分方法研究过. 本章将应用文献 [41] 中的鞍点定理获得问题 (3.1.1) 解的存在性的三个结果, 并举例说明所给条件的相容性和合理性.

3.2　准 备 工 作

在本节中, 我们在空间 $W_{\Delta;a,b}^{\alpha,p}([a,b]_{\mathbb{T}}, \mathbb{R}^N)$ 上构造问题 (3.1.1) 对应的变分泛函, 将寻求问题 (3.1.1) 的解转化为寻求其对应的变分泛函的临界点.

定义泛函 $\varphi : W_{\Delta;a,b}^{\alpha,p}([a,b]_{\mathbb{T}}, \mathbb{R}^N) \to \mathbb{R}$ 如下:

$$\varphi(u) = \frac{1}{p} \int_{[a,b]_{\mathbb{T}}} |T_\alpha(u)(t)|^p \, \Delta^\alpha t + \int_{[a,b]_{\mathbb{T}}} F\big(\sigma(t), u^\sigma(t)\big) \, \Delta^\alpha t. \quad (3.2.1)$$

下面我们将证明这样定义的泛函就是问题 (3.1.1) 对应的泛函.

定理 3.1　泛函 φ 在空间 $W_{\Delta;a,b}^{\alpha,p}([a,b]_{\mathbb{T}}, \mathbb{R}^N)$ 上连续可微, 而且等式

$$\begin{aligned}
&\langle \varphi'(u), v \rangle \\
&= \int_{[a,b]_{\mathbb{T}}} |T_\alpha(u)|^{p-2} \big(T_\alpha(u)(t), T_\alpha(v)(t)\big) \, \Delta^\alpha t \\
&\quad + \int_{[a,b]_{\mathbb{T}}} \Big(\nabla F\big(\sigma(t), u^\sigma(t)\big), v^\sigma(t)\Big) \, \Delta^\alpha t
\end{aligned} \quad (3.2.2)$$

对一切 $v \in W_{\Delta;a,b}^{\alpha,p}([a,b]_{\mathbb{T}}, \mathbb{R}^N)$ 都成立.

证明　定义函数 $L : [a,b]_{\mathbb{T}} \times \mathbb{R}^N \times \mathbb{R}^N \to \mathbb{R}, (t,x,y) \to L(t,x,y)$ 如下:

$$L(t,x,y) = \frac{1}{p}|y|^p + F(t,x).$$

因为函数 F 满足条件 (A), 经验证, 函数 L 满足定理 2.21 的所有条件. 由定理 2.21 易知, 泛函 φ 在空间 $W^{\alpha,p}_{\Delta;a,b}([a,b]_{\mathbb{T}}, \mathbb{R}^N)$ 上连续可微且有

$$
\begin{aligned}
&\langle \varphi'(u), v \rangle \\
&= \int_{[a,b]_{\mathbb{T}}} |T_\alpha(u)|^{p-2} \big(T_\alpha(u)(t), T_\alpha(v)(t)\big)\, \Delta^\alpha t \\
&\quad + \int_{[a,b]_{\mathbb{T}}} \Big(\nabla F\big(\sigma(t), u^\sigma(t)\big), v^\sigma(t) \Big)\, \Delta^\alpha t
\end{aligned}
$$

对一切 $v \in W^{\alpha,p}_{\Delta;a,b}([a,b]_{\mathbb{T}}, \mathbb{R}^N)$ 都成立. ∎

定理 3.2 若 $u \in W^{\alpha,p}_{\Delta;a,b}([a,b]_{\mathbb{T}}, \mathbb{R}^N)$ 是泛函 φ 在空间 $W^{\alpha,p}_{\Delta;a,b}([a,b]_{\mathbb{T}},$ $\mathbb{R}^N)$ 中的临界点, 即 $\varphi'(u) = 0$, 则 u 是问题 (3.1.1) 的解.

证明 因为 $\varphi'(u) = 0$, 所以由定理 3.1 知

$$
\begin{aligned}
&\int_{[a,b]_{\mathbb{T}}} |T_\alpha(u)|^{p-2} \big(T_\alpha(u)(t), T_\alpha(v)(t)\big)\, \Delta^\alpha t \\
&+ \int_{[a,b]_{\mathbb{T}}} \Big(\nabla F\big(\sigma(t), u^\sigma(t)\big), v^\sigma(t) \Big)\, \Delta^\alpha t = 0
\end{aligned}
$$

对一切 $v \in W^{\alpha,p}_{\Delta;a,b}([a,b]_{\mathbb{T}}, \mathbb{R}^N)$ 都成立, 即

$$
\begin{aligned}
&\int_{[a,b]_{\mathbb{T}}} |T_\alpha(u)|^{p-2} \big(T_\alpha(u)(t), T_\alpha(v)(t)\big)\, \Delta^\alpha t \\
&= -\int_{[a,b]_{\mathbb{T}}} \Big(\nabla F\big(\sigma(t), u^\sigma(t)\big), v^\sigma(t) \Big)\, \Delta^\alpha t
\end{aligned}
$$

对一切的 $v \in W^{\alpha,p}_{\Delta;a,b}([a,b]_{\mathbb{T}}, \mathbb{R}^N)$ 都成立. 因而, 利用条件 (A) 和定义 2.21 可知 $|T_\alpha(u)|^{p-2} T_\alpha(u) \in W^{\alpha,p}_{\Delta;a,b}([a,b]_{\mathbb{T}}, \mathbb{R}^N)$. 结合定理 2.16 和 (2.4.5) 式可知, 存在唯一的 $x \in V^{\alpha,p}_{\Delta;a,b}([a,b]_{\mathbb{T}}, \mathbb{R}^N)$ 使得

$$
x = u, \quad T_\alpha\bigg(|T_\alpha(x)|^{p-2} T_\alpha(x)\bigg)(t) = \nabla F\big(\sigma(t), u^\sigma(t)\big) \quad \Delta\text{-a.e. } t \in [a,b]^\kappa_{\mathbb{T}}
\tag{3.2.3}
$$

及

$$\int_{[a,b)_{\mathbb{T}}} \nabla F\big(\sigma(t), u^\sigma(t)\big) \, \Delta^\alpha t = 0. \tag{3.2.4}$$

(3.2.3) 式和 (3.2.4) 式表明

$$x(a) - x(b) = 0, \quad T_\alpha(x)(a) - T_\alpha(x)(b) = 0.$$

如果将 $u \in W^{\alpha,p}_{\Delta;a,b}([a,b]_{\mathbb{T}}, \mathbb{R}^N)$ 与其在空间 $V^{\alpha,p}_{\Delta;a,b}([a,b]_{\mathbb{T}}, \mathbb{R}^N)$ 中关于 (3.2.3) 式的绝对连续表示 x 视为同一函数, 在此意义下, u 是问题 (3.1.1) 的解. ■

为了证明问题 (3.1.1) 对应的变分泛函 φ 的临界点的存在性, 我们需要下面的临界点定理和紧性的定义.

定义 3.1([41])　假定 X 为 Banach 空间, $I \in C^1(X, \mathbb{R})$, 并且 $c \in \mathbb{R}$. 如果 X 中的任意序列 $\{x_n\}$, 当 $I(x_n) \to c$ 且 $I'(x_n) \to 0 (n \to \infty)$ 时, c 是泛函 I 的临界值, 则称泛函 I 在 X 上满足 (PS)$_c$ 条件.

定义 3.2([41])　假定 X 为 Banach 空间, $I \in C^1(X, \mathbb{R})$. 如果 X 中的任意序列 $\{x_n\}$, 当 $I(x_n)$ 有界且 $I'(x_n) \to 0 (n \to \infty)$ 时, $\{x_n\}$ 在 X 中有收敛子列, 则称泛函 I 在 X 上满足 P.S. 条件.

定义 3.3　假定 X 为 Banach 空间, $I \in C^1(X, \mathbb{R})$. 如果 X 中的任意序列 $\{x_n\}$, 当 $I(x_n)$ 有界且 $(1 + \|u_n\|)I'(x_n) \to 0 (n \to \infty)$ 时, $\{x_n\}$ 在 X 中有收敛子列, 则称泛函 I 在 X 上满足 (C) 条件.

注 3.1　显然, 对任意 $c \in \mathbb{R}$, P.S. 条件蕴含 (PS)$_c$ 条件.

引理 3.1([41, 鞍点定理])　假定 $\widetilde{\Phi} \in C^1(X, \mathbb{R})$, X 为 Banach 空间, 且 X 有直和分解: $X = X^- \bigoplus X^+$ 满足

$$\dim X^- < \infty$$

和

$$\sup_{S_R^-} \widetilde{\Phi} < \inf_{X^+} \widetilde{\Phi},$$

其中 $S_R^- = \{u \in X^- : \|u\| = R\}$. 令

$$B_R^- = \{u \in X^- : \|u\| \leqslant R\},$$

$$M = \{h \in C(B_R^-, X) : h(s) = s \text{ 当 } s \in S_R^-\},$$

$$c = \inf_{h \in M} \max_{s \in B_R^-} \widetilde{\Phi}(h(s)).$$

如果 $\widetilde{\Phi}$ 满足 $(PS)_c$ 条件, 那么 c 是泛函 $\widetilde{\Phi}$ 的临界值.

在文献 [47] 中, 作者应用 (C) 条件代替 P.S. 条件证明了鞍点定理中需要的形变引理, 这表明鞍点定理 (引理 3.1) 中用 (C) 条件代替 P.S. 条件结论依然成立.

3.3 主要结果

为了下面的叙述方便, 我们把空间 $W_{\Delta;a,b}^{\alpha,p}([a,b]_{\mathbb{T}}, \mathbb{R}^N)$ 中的范数 $\|\cdot\|_{W_{\Delta;a,b}^{\alpha,p}}$ 简记为 $\|\cdot\|$.

因为在后面的证明中需要应用鞍点定理, 所以我们先对 Sobolev 空间 $W_{\Delta;a,b}^{\alpha,p}([a,b]_{\mathbb{T}}, \mathbb{R}^N)$ 做直和分解. 对任意 $u \in W_{\Delta;a,b}^{\alpha,p}([a,b]_{\mathbb{T}}, \mathbb{R}^N)$, 如果

$$\overline{u} = \left(\int_{[a,b)_{\mathbb{T}}} 1 \Delta^\alpha t \right)^{-1} \int_{[a,b)_{\mathbb{T}}} u(t) \, \Delta t, \quad \widetilde{u}(t) = u(t) - \overline{u},$$

那么 $\int_{[a,b)_{\mathbb{T}}} \widetilde{u}(t) \, \Delta^\alpha t = 0$. 因此, 令

$$\widetilde{W}_{\Delta;a,b}^{\alpha,p}([a,b]_{\mathbb{T}}, \mathbb{R}^N) = \left\{ u \in W_{\Delta;a,b}^{\alpha,p}([a,b]_{\mathbb{T}}, \mathbb{R}^N) : \int_{[a,b)_{\mathbb{T}}} u(t) \, \Delta^\alpha t = 0 \right\},$$

则有

$$W_{\Delta;a,b}^{\alpha,p}([a,b]_{\mathbb{T}}, \mathbb{R}^N) = \widetilde{W}_{\Delta;a,b}^{\alpha,p}([a,b]_{\mathbb{T}}, \mathbb{R}^N) \bigoplus \mathbb{R}^N.$$

不仅如此, 还有如下结论成立.

定理 3.3 在空间 $W_{\Delta;a,b}^{\alpha,p}([a,b]_{\mathbb{T}}, \mathbb{R}^N)$ 中, 任意 $u \in W_{\Delta;a,b}^{\alpha,p}([a,b]_{\mathbb{T}}, \mathbb{R}^N)$, $\|u\| \to \infty$ 当且仅当

$$\left(|\overline{u}|^p + \int_{[a,b)_{\mathbb{T}}} |T_\alpha(u)(t)|^p \, \Delta^\alpha t\right)^{\frac{1}{p}} \to \infty.$$

证明　(必要性) 事实上, 根据定理 2.2 和定理 2.19, 有

$$\int_{[a,b)_{\mathbb{T}}} |u^\sigma(t)|^p \, \Delta^\alpha t = \int_{[a,b)_{\mathbb{T}}} |\overline{u} + \widetilde{u^\sigma}(t)|^p \, \Delta^\alpha t$$

$$\leqslant 2^p \int_{[a,b)_{\mathbb{T}}} (|\overline{u}|^p + |\widetilde{u^\sigma}(t)|^p) \, \Delta^\alpha t$$

$$\leqslant 2^p \max\{a^{\alpha-1}, 1\}(b-a)\left(|\overline{u}|^p + \|\widetilde{u}\|_\infty^p\right)$$

$$\leqslant \widehat{K}\left(|\overline{u}|^p + K^p \int_{[a,b)_{\mathbb{T}}} |T_\alpha(u)(t)|^p \, \Delta^\alpha t\right),$$

其中 $\widehat{K} = 2^p \max\{a^{\alpha-1}, 1\}(b-a)$. 此不等式表明

$$\|u\| = \left(\int_{[a,b)_{\mathbb{T}}} |T_\alpha(u)(t)|^p \, \Delta^\alpha t + \int_{[a,b)_{\mathbb{T}}} |u^\sigma(t)|^p \, \Delta^\alpha t\right)^{\frac{1}{p}}$$

$$\leqslant \left(\widehat{K}\left(|\overline{u}|^p + K^p \int_{[a,b)_{\mathbb{T}}} |T_\alpha(u)(t)|^p \, \Delta^\alpha t\right) + \int_{[a,b)_{\mathbb{T}}} |T_\alpha(u)(t)|^p \, \Delta^\alpha t\right)^{\frac{1}{p}}$$

$$\leqslant \left((\widehat{K} + K^p) + 1\right)^{\frac{1}{p}}\left(|\overline{u}|^p + \int_{[a,b)_{\mathbb{T}}} |T_\alpha(u)(t)|^p \, \Delta^\alpha t\right)^{\frac{1}{p}},$$

即

$$\|u\| \to \infty \Rightarrow \left(|\overline{u}|^p + \int_{[a,b)_{\mathbb{T}}} |T_\alpha(u)(t)|^p \, \Delta^\alpha t\right)^{\frac{1}{p}} \to \infty.$$

(充分性) 利用定理 2.2 和 Hölder 不等式不难看出

$$|\overline{u}| = \left|\left(\int_{[a,b)_{\mathbb{T}}} 1 \, \Delta^\alpha t\right)^{-1} \int_{[a,b)_{\mathbb{T}}} u(t) \, \Delta^\alpha t\right|$$

$$\leqslant \left(\int_{[a,b)_{\mathbb{T}}} 1 \, \Delta^\alpha t\right)^{-\frac{1}{p}}\left(\int_{[a,b)_{\mathbb{T}}} |u(t)|^p \, \Delta^\alpha t\right)^{\frac{1}{p}}.$$

由此可知

$$\left(|\overline{u}|^p + \int_{[a,b)_{\mathbb{T}}} |T_\alpha(u)(t)|^p \, \Delta^\alpha t\right)^{\frac{1}{p}}$$

$$\leqslant \left(\left(\int_{[a,b)_{\mathbb{T}}} 1\,\Delta^\alpha t \right)^{-1} \left(\int_{[a,b)_{\mathbb{T}}} |u(t)|^p\,\Delta^\alpha t \right) + \int_{[a,b)_{\mathbb{T}}} |T_\alpha(u)(t)|^p\,\Delta^\alpha t \right)^{\frac{1}{p}}$$

$$\leqslant \left(\left(\int_{[a,b)_{\mathbb{T}}} 1\,\Delta^\alpha t \right)^{-1} + (\mu(b)a^{\alpha-1})^p + 1 \right)^{\frac{1}{p}} \|u\|,$$

即

$$\left(|\overline{u}|^p + \int_{[a,b)_{\mathbb{T}}} |T_\alpha(u)(t)|^p\,\Delta^\alpha t \right)^{\frac{1}{p}} \to \infty \Rightarrow \|u\| \to \infty. \qquad \blacksquare$$

定理 3.4 假设如下条件成立.

(F_1) 存在 $0 < \mu < p, M > 0$ 使得

$$(\nabla F(t,x), x) \geqslant \mu F(t,x)$$

对一切 $|x| > M$ 和 Δ-几乎处处的 $t \in [a,b]_{\mathbb{T}}$ 成立;

(F_2) 存在 $g^\sigma \in L^1_{\alpha,\Delta}([a,b]_{\mathbb{T}}, \mathbb{R})$ 使得

$$F(t,x) \leqslant g(t)$$

对所有 $x \in \mathbb{R}^N$ 和 Δ-几乎处处的 $t \in [a,b]_{\mathbb{T}}$ 成立;

(F_3) 存在区间 $[a,b]_{\mathbb{T}}$ 的子集 D 且 $\mu_\Delta(D) > 0$ 使得

$$F(t,x) \to -\infty, \quad |x| \to \infty$$

对 Δ-几乎处处的 $t \in D$ 一致成立,

则边值问题 (3.1.1) 至少有一个解.

证明 我们应用鞍点定理 (引理 3.1) 证明该定理. 事实上, 我们只需验证如下三个条件成立即可,

(i) φ 满足 (C) 条件;

(ii) 当 $u \in \mathbb{R}^N, \|u\| \to \infty$ 时, $\varphi(u) \to -\infty$;

(iii) 当 $u \in \widetilde{W}^{\alpha,p}_{\Delta;a,b}([a,b]_{\mathbb{T}}, \mathbb{R}^N), \|u\| \to \infty$ 时, $\varphi(u) \to +\infty$.

首先, 我们验证条件 (i) 成立.

设 $\{u_n\} \subset W_{\Delta;a,b}^{\alpha,p}([a,b]_{\mathbb{T}}, \mathbb{R}^N)$ 是泛函 φ 的 (C) 序列, 即 $\varphi(u_n)$ 有界, 且当 $n \to \infty$ 时 $(1 + \|u_n\|)\varphi'(u_n) \to 0$. 那么存在正常数 C_5 使得对任意的 $n \in \mathbb{N}$, 有

$$|\varphi(u_n)| \leqslant C_5, \quad (1 + \|u_n\|)\|\varphi'(u_n)\| \leqslant C_5. \tag{3.3.1}$$

由条件 (A), (F_1), (3.2.1) 式和 (3.2.2) 式得

$$\begin{aligned} C_5 + pC_5 &\geqslant (1 + \|u_n\|)\|\varphi'(u_n)\| - p\varphi(u_n) \\ &\geqslant \langle \varphi'(u_n), u_n \rangle - p\varphi(u_n) \\ &= \int_{[a,b)_{\mathbb{T}}} \left[\left(\nabla F(\sigma(t), u_n^\sigma(t)), u_n^\sigma(t) \right) - pF(\sigma(t), u_n^\sigma(t)) \right] \Delta^\alpha t \\ &\geqslant (\mu - p) \int_{[a,b)_{\mathbb{T}}} F(\sigma(t), u_n^\sigma(t)) \, \Delta^\alpha t \\ &\quad - (p + M) \max_{|x| \leqslant M} \widehat{a}(|x|) \int_{[a,b)_{\mathbb{T}}} \widehat{b^\sigma}(t) \, \Delta^\alpha t \end{aligned}$$

对所有的 $n \in \mathbb{N}$ 成立. 此不等式说明存在 $C_6 > 0$ 使得对任意的 $n \in \mathbb{N}$, 有

$$\int_{[a,b)_{\mathbb{T}}} F(\sigma(t), u_n^\sigma(t)) \, \Delta^\alpha t \geqslant C_6. \tag{3.3.2}$$

再者, 由 (3.2.1) 式、(3.3.1) 式和 (3.3.2) 式易知不等式

$$C_5 \geqslant \varphi(u_n) \geqslant \frac{1}{p} \int_{[a,b)_{\mathbb{T}}} \left| T_\alpha(u_n)(t) \right|^p \Delta^\alpha t + C_6$$

对所有的 $n \in \mathbb{N}$ 成立. 这意味着存在 $C_7 > 0$ 使得不等式

$$\int_{[a,b)_{\mathbb{T}}} \left| T_\alpha(u_n)(t) \right|^p \Delta^\alpha t \leqslant C_7 \tag{3.3.3}$$

对所有的 $n \in \mathbb{N}$ 成立. 进一步的, 可由定理 2.19 和 (3.3.3) 式知, 存在 $C_8 > 0$ 使得

$$\|\widetilde{u}_n\|_\infty \leqslant C_8 \tag{3.3.4}$$

对所有的 $n \in \mathbb{N}$ 成立.

至此, 我们断言 $\{\bar{u}_n\}$ 有界. 若不然, 不失一般性, 可假设当 $n \to \infty$ 时 $|\bar{u}_n| \to \infty$. 令 $v_n = \dfrac{u_n}{\|u_n\|} = \dfrac{\bar{u}_n}{\|u_n\|} + \dfrac{\widetilde{u}_n}{\|u_n\|} = \bar{v}_n + \widetilde{v}_n$, 那么 $\{v_n\}$ 在空间 $W_{\Delta;a,b}^{\alpha,p}([a,b]_{\mathbb{T}}, \mathbb{R}^N)$ 中有界. 由注 2.7 知, 存在 $\{v_n\}$ 的子列 (为方便起见, 仍记为 $\{v_n\}$) 使得

$$v_n \rightharpoonup v \text{ 在 } W_{\Delta;a,b}^{\alpha,p}([a,b]_{\mathbb{T}}, \mathbb{R}^N) \text{ 中,}$$

$$v_n \to v \text{ 在 } C([a,b]_{\mathbb{T}}, \mathbb{R}^N) \text{ 中.}$$

由此和 (3.3.4) 式易知 $\{\widetilde{u}_n\}$ 在空间 $C([a,b]_{\mathbb{T}}, \mathbb{R}^N)$ 中有界, 所以, $v \in \mathbb{R}^N, v \neq 0$. 由于当 $n \to \infty$ 时, $|u_n(t)| \to \infty$ 对所有的 $t \in [a,b]_{\mathbb{T}}$ 成立. 由假设 (F_3) 得

$$\limsup_{n \to \infty} \int_{[a,b)_{\mathbb{T}}} F(\sigma(t), u_n^{\sigma}(t)) \, \Delta^{\alpha} t$$

$$\leqslant \limsup_{n \to \infty} \int_D F(\sigma(t), u_n^{\sigma}(t)) \, \Delta^{\alpha} t + \int_{[a,b)_{\mathbb{T}}} |g^{\sigma}(t)| \, \Delta^{\alpha} t$$

$$\to -\infty,$$

此与 (3.3.2) 式矛盾.

此外, 由定理 3.3 知 $\{u_n\}$ 在空间 $W_{\Delta;a,b}^{\alpha,p}([a,b]_{\mathbb{T}}, \mathbb{R}^N)$ 中有界. 再次利用注 2.7 可得, 存在 $\{u_n\}$ 的子列 (为方便起见, 仍记为 $\{u_n\}$) 使得

$$u_n \rightharpoonup u \text{ 在 } W_{\Delta;a,b}^{\alpha,p}([a,b]_{\mathbb{T}}, \mathbb{R}^N) \text{ 中,} \tag{3.3.5}$$

$$u_n \to u \text{ 在 } C([a,b]_{\mathbb{T}}, \mathbb{R}^N) \text{ 中.} \tag{3.3.6}$$

此时由 (3.3.6) 式容易看出 $\{u_n\}$ 在空间 $C([a,b]_{\mathbb{T}}, \mathbb{R}^N)$ 中有界, 再利用条件 (A) 知, 存在 $C_9 > 0$ 使得

$$\left| \int_{[a,b)_{\mathbb{T}}} \left(\nabla F(\sigma(t), u_n^{\sigma}(t)), u^{\sigma}(t) - u_n^{\sigma}(t) \right) \Delta^{\alpha} t \right|$$

$$\leqslant \int_{[a,b)_{\mathbb{T}}} \left|\nabla F\big(\sigma(t), u_n^\sigma(t)\big|\big|u^\sigma(t) - u_n^\sigma(t)\big| \, \Delta^\alpha t\right.$$

$$\leqslant C_9 \int_{[a,b)_{\mathbb{T}}} \widehat{b}^\sigma(t)\big|u^\sigma(t) - u_n^\sigma(t)\big| \, \Delta^\alpha t$$

$$\leqslant C_9 \|u - u_n\|_\infty \int_{[a,b)_{\mathbb{T}}} \widehat{b}^\sigma(t) \, \Delta^\alpha t.$$

此与 (3.3.6) 式蕴含

$$\int_{[a,b)_{\mathbb{T}}} \left(\nabla F\big(\sigma(t), u_n^\sigma(t)\big), u^\sigma(t) - u_n^\sigma(t)\right) \Delta^\alpha t \to 0, \quad n \to \infty.$$

注意到

$$\langle \varphi'(u_n), u - u_n \rangle$$
$$= \int_{[a,b)_{\mathbb{T}}} |T_\alpha(u_n)(t)|^{p-2} \left(T_\alpha(u_n)(t), T_\alpha(u)(t) - T_\alpha(u_n)(t)\right) \Delta^\alpha t$$
$$+ \int_{[a,b)_{\mathbb{T}}} \left[\nabla F\big(\sigma(t), u_n^\sigma(t)\big), u^\sigma(t) - u_n^\sigma(t)\right] \Delta^\alpha t$$

和

$$\langle \varphi'(u_n), u - u_n \rangle \to 0, \quad n \to \infty,$$

我们有

$$\int_{[a,b)_{\mathbb{T}}} |T_\alpha(u_n)(t)|^{p-2} \left(T_\alpha(u_n)(t), T_\alpha(u)(t) - T_\alpha(u_n)(t)\right) \Delta^\alpha t \to 0, \quad n \to \infty.$$

另外, 由 (3.3.6) 式易见

$$\int_{[a,b)_{\mathbb{T}}} |u_n^\sigma(t)|^{p-2} \left(u_n^\sigma(t), u^\sigma(t) - u_n^\sigma(t)\right) \Delta^\alpha t \to 0, \quad n \to \infty.$$

定义

$$\phi(u) = \frac{1}{p}\|u\|^p = \frac{1}{p}\left(\int_{[a,b)_{\mathbb{T}}} |u^\sigma(t)|^p \, \Delta^\alpha t + \int_{[a,b)_{\mathbb{T}}} |T_\alpha(u)(t)|^p \, \Delta^\alpha t\right).$$

那么当 $n \to \infty$ 时,

$$
\begin{aligned}
&\langle \phi'(u_n), u - u_n \rangle \\
&= \int_{[a,b]_{\mathbb{T}}} |T_\alpha(u_n)(t)|^{p-2} \bigg(T_\alpha(u_n)(t), T_\alpha(u)(t) - T_\alpha(u_n)(t) \bigg) \Delta^\alpha t \\
&\quad \times \int_{[a,b]_{\mathbb{T}}} |u_n^\sigma(t)|^{p-2} \big(u_n^\sigma(t), u^\sigma(t) - u_n^\sigma(t) \big) \Delta^\alpha t \\
&\to 0.
\end{aligned} \tag{3.3.7}
$$

应用 Hölder 不等式得

$$
0 \leqslant \big(\|u_n\| - \|u\| \big) \big(\|u_n\|^{p-1} - \|u\|^{p-1} \big) \leqslant \langle \phi'(u_n) - \phi'(u), u_n - u \rangle.
$$

该不等式和 (3.3.7) 式表明 $\|u_n\| \to \|u\|$. 由 (3.3.5) 式和定理 2.18 不难看出, 在空间 $W_{\Delta;a,b}^{\alpha,p}([a,b]_{\mathbb{T}}, \mathbb{R}^N)$ 中 $u_n \to u$.

其次, 我们验证条件 (ii) 成立.

事实上, 任意 $u \in \mathbb{R}^N$, 联合 (3.2.1) 式、假设 (F_2) 和假设 (F_3) 知, 当 $\|u\| \to \infty$ 时,

$$
\begin{aligned}
\varphi(u) &= \int_{[a,b]_{\mathbb{T}}} F(\sigma(t), u^\sigma(t)) \, \Delta^\alpha t \\
&\leqslant \int_D F(\sigma(t), u^\sigma(t)) \, \Delta^\alpha t + \int_{[a,b]_{\mathbb{T}} \setminus D} g^\sigma(t) \, \Delta^\alpha t \\
&\leqslant \int_D F(\sigma(t), u^\sigma(t)) \, \Delta^\alpha t + \int_{[a,b]_{\mathbb{T}}} |g^\sigma(t)| \, \Delta^\alpha t \\
&\to -\infty.
\end{aligned}
$$

此说明条件 (ii) 满足.

最后, 我们验证条件 (iii) 成立.

对 $s \in \mathbb{R}, |x| \geqslant M$ 和 Δ-几乎处处的 $t \in [a,b]_{\mathbb{T}}$, 令

$$
G(s) = F(t, sx), \quad H(s) = G'(s) - \frac{\mu}{s} G(s). \tag{3.3.8}
$$

由假设 (F$_1$), 当 $s \geqslant \dfrac{M}{|x|}$ 时,

$$H(s) = \frac{1}{s}\left((\nabla F(t, sx), sx) - \mu F(t, sx) \right) \geqslant 0. \tag{3.3.9}$$

而由 (3.3.8) 式知 $G(s)$ 满足

$$G'(s) = H(s) + \frac{\mu}{s} G(s).$$

因而, 当 $s \geqslant \dfrac{M}{|x|}$ 时有

$$F(t, sx) = s^\mu \left(F(t, x) + \int_1^s \tau^{-\mu} H(\tau) \, \mathrm{d}\tau \right).$$

此外, 由条件 (A) 和 (3.3.9) 式知, 对一切 $|x| \geqslant M$ 和 Δ-几乎处处的 $t \in [a, b]_{\mathbb{T}}$ 有

$$\left(\frac{M}{|x|} \right)^\mu F(t, x) \geqslant F\left(t, x\frac{M}{|x|} \right) \geqslant -a_0 \widehat{b}(t),$$

其中 $a_0 = \max\limits_{|x| \leqslant M} \widehat{a}(|x|)$. 这说明

$$F(t, x) \geqslant -a_0 \widehat{b}(t) \left(\left(\frac{|x|}{M} \right)^\mu + 1 \right)$$

对所有的 $x \in \mathbb{R}^N$ 和 Δ-几乎处处的 $t \in [a, b]_{\mathbb{T}}$ 都成立. 当 $u \in \widetilde{W}_{\Delta;a,b}^{\alpha,p}([a, b]_{\mathbb{T}}, \mathbb{R}^N)$ 时, 根据定理 2.19 和 (3.2.1) 式得

$$
\begin{aligned}
\varphi(u) &\geqslant \frac{1}{p} \int_{[a,b)_{\mathbb{T}}} |T_\alpha(u)(t)|^p \, \Delta^\alpha t - \frac{a_0}{M^\mu} \|u\|_\infty^\mu \int_{[a,b)_{\mathbb{T}}} \widehat{b}^\sigma(t) \, \Delta^\alpha t \\
&\quad - a_0 \int_{[a,b)_{\mathbb{T}}} \widehat{b}^\sigma(t) \, \Delta^\alpha t \\
&= \frac{1}{2p} \int_{[a,b)_{\mathbb{T}}} |T_\alpha(u)(t)|^p \, \Delta^\alpha t + \frac{1}{2p} \int_{[a,b)_{\mathbb{T}}} |T_\alpha(u)(t)|^p \, \Delta^\alpha t \\
&\quad - \frac{a_0}{M^\mu} \|u\|_\infty^\mu \int_{[a,b)_{\mathbb{T}}} \widehat{b}^\sigma(t) \, \Delta^\alpha t - a_0 \int_{[a,b)_{\mathbb{T}}} \widehat{b}^\sigma(t) \, \Delta^\alpha t
\end{aligned}
$$

$$\geqslant \frac{1}{2p} \int_{[a,b)_{\mathbb{T}}} |T_\alpha(u)(t)|^p\, \Delta^\alpha t + \frac{1}{2p} K^{-p}\|u\|_\infty^p$$

$$-\frac{a_0}{M^\mu}\|u\|_\infty^\mu \int_{[a,b)_{\mathbb{T}}} \widehat{b}^\sigma(t)\, \Delta^\alpha t - a_0 \int_{[a,b)_{\mathbb{T}}} \widehat{b}^\sigma(t)\, \Delta^\alpha t$$

$$\geqslant \frac{1}{2p} \int_{[a,b)_{\mathbb{T}}} |T_\alpha(u)(t)|^p\, \Delta^\alpha t$$

$$+\frac{1}{2p} K^{-p}\big(\max\{a^{\alpha-1},1\}\big)^{-1} \int_{[a,b)_{\mathbb{T}}} |u^\sigma(t)|^p\, \Delta^\alpha t$$

$$-\frac{a_0 K^p}{M^\mu}\|u\|^\mu \int_{[a,b)_{\mathbb{T}}} \widehat{b}^\sigma(t)\, \Delta^\alpha t - a_0 \int_{[a,b)_{\mathbb{T}}} \widehat{b}^\sigma(t)\, \Delta^\alpha t$$

$$\geqslant \min\left\{\frac{1}{2p}, \frac{1}{2p} K^{-p}\big(\max\{a^{\alpha-1},1\}\big)^{-1}\right\}\|u\|^p$$

$$-\frac{a_0 K^p}{M^\mu}\|u\|^\mu \int_{[a,b)_{\mathbb{T}}} \widehat{b}^\sigma(t)\, \Delta^\alpha t - a_0 \int_{[a,b)_{\mathbb{T}}} \widehat{b}^\sigma(t)\, \Delta^\alpha t.$$

因为 $0 < \mu < p$, 所以条件 (iii) 成立.

因此, 由引理 3.1 和定理 3.2 知定理 3.4 成立. ∎

例 3.1 设 $\mathbb{T} = \bigcup\limits_{k=0}^{\infty}[2k, 2k+1], \alpha = \frac{1}{2}, a = 1, b = 2015, N = 5$. 考虑时标 $\mathbb{T}$ 上的 4-Laplacian 共形分数阶微分方程边值问题

$$\begin{cases} T_{\frac{1}{2}}\big(|T_{\frac{1}{2}}(u)|^2 T_{\frac{1}{2}}(u)\big)(t) = \nabla F\big(\sigma(t), u(\sigma(t))\big), & \Delta\text{-a.e. } t \in [1, 2015]_{\mathbb{T}}^{\kappa^2}, \\ u(1) - u(2015) = 0, T_\alpha(u)(1) - T_\alpha(u)(2015) = 0, \end{cases}$$

$$(3.3.10)$$

其中 $F(t, x) = -|x|^2 - \big|\big((1,1,2,2,3), x\big)\big|$.

注意到 $F(t, x) = -|x|^2 - \big|\big((1,1,2,2,3), x\big)\big|, \nabla F(t, x) = -2x - \dfrac{\big((1,1,2,2,3), x\big)}{\big|\big((1,1,2,2,3), x\big)\big|}(1,1,2,2,3)$, 定理 3.4 的所有条件对 $p = 4, \mu = 3, M = 1, g(t) \equiv 0$ 成立. 由定理 3.4 可知边值问题 (3.3.10) 至少有一个解. 显然, 0 不是边值问题 (3.3.10) 的解. 因此, 边值问题 (3.3.10) 至少有一个非平凡解. ∎

根据定理 3.4 可得如下推论.

推论 3.1　如果假设 (F$_1$) 和假设

(F$_4$) 当 $|x| \to \infty$ 时, $F(t, x) \to -\infty$ 对 Δ-几乎处处的 $t \in [a, b]_\mathbb{T}$ 一致成立

成立, 那么边值问题 (3.1.1) 至少有一个解.

定理 3.5　如果函数 $F(t, x)$ 满足条件 (F$_1$) 和如下条件:

(F$_5$) 当 $|x| \to \infty$ 时, $\displaystyle\int_{[a,b)_\mathbb{T}} F(\sigma(t), x)\, \Delta^\alpha t \to -\infty$;

(F$_6$) $-F(t, \cdot)$ 对 Δ-几乎处处的 $t \in [a, b]_\mathbb{T}$ 是 (β, γ)-次凸的 $(\gamma > 0)$, 即

$$F\big(t, \beta(x + y)\big) \geqslant \gamma\big(F(t, x) + F(t, y)\big)$$

对一切 $x, y \in \mathbb{R}^N$ 和 Δ-几乎处处的 $t \in [a, b]_\mathbb{T}$ 成立,

那么边值问题 (3.1.1) 至少有一个解.

证明　首先, 由假设 (F$_5$) 可直接得出

$$\text{当 } u \in \mathbb{R}^N, \|u\| \to \infty \text{ 时}, \varphi(u) \to -\infty.$$

类似于定理 3.4 的证明, 我们有

$$\text{当 } u \in \widetilde{W}^{\alpha,p}_{\Delta;a,b}([a, b]_\mathbb{T}, \mathbb{R}^N), \|u\| \to \infty \text{ 时}, \varphi(u) \to +\infty.$$

接下来, 我们将证明泛函 φ 满足 (C) 条件. 事实上, 如果 $\{u_n\} \subset W^{\alpha,p}_{\Delta;a,b}([a, b]_\mathbb{T}, \mathbb{R}^N)$ 为泛函 φ 的 (C) 序列, 即 $\varphi(u_n)$ 有界且当 $n \to \infty$ 时 $(1 + \|u_n\|)\varphi'(u_n) \to 0$. 应用定理 3.4 的证明过程中验证条件 (i) 时证明 (3.3.2)—(3.3.4) 式同样的方法可知, 存在常数 C_{10}, C_{11}, C_{12} 使得对一切的 $n \in \mathbb{N}$ 都有

$$\int_{[a,b)_\mathbb{T}} F(\sigma(t), u_n^\sigma(t))\, \Delta^\alpha t \geqslant C_{10},$$

$$\int_{[a,b)_{\mathbb{T}}} \left| T_\alpha(u_n)(t) \right|^p \Delta^\alpha t \leqslant C_{11}$$

及

$$\|\widetilde{u}_n\|_\infty \leqslant C_{12}. \tag{3.3.11}$$

又由假设 (F_6) 得

$$
\begin{aligned}
C_{10} &\leqslant \int_{[a,b)_{\mathbb{T}}} F(\sigma(t), u_n^\sigma(t))\, \Delta^\alpha t \\
&\leqslant \frac{1}{\gamma} \int_{[a,b)_{\mathbb{T}}} F(\sigma(t), \beta \overline{u}_n)\, \Delta^\alpha t - \int_{[a,b)_{\mathbb{T}}} F(\sigma(t), -\widetilde{u}_n^\sigma(t))\, \Delta^\alpha t \\
&\leqslant \frac{1}{\gamma} \int_{[a,b)_{\mathbb{T}}} F(\sigma(t), \beta \overline{u}_n)\, \Delta^\alpha t - \max_{|x| \leqslant C_{12}} \widehat{a}(|x|) \int_{[a,b)_{\mathbb{T}}} \widehat{b}^\sigma(t)\, \Delta^\alpha t
\end{aligned}
$$

对所有的 $n \in \mathbb{N}$ 成立, 这表明 $\{\overline{u}_n\}$ 是有界的. 结合 (3.3.11) 式, 我们断言 $\{u_n\}$ 有界. 和定理 3.4 验证条件 (i) 一样, 我们可证明 (C) 序列 $\{u_n\}$ 有收敛子列, 因此, φ 满足 (C) 条件.

综上, 由引理 3.1 和定理 3.2 得定理 3.5 成立. ∎

例 3.2 设 $\mathbb{T} = \mathbb{R}, \alpha = 1, a = \pi,, b = 2\pi, N = 3$. 考虑 5-Laplacian 微分方程边值问题

$$
\begin{cases}
\left(|u'(t)|^3 u'(t) \right)' = \nabla F(t, u(t)), & \text{a.e. } t \in [\pi, 2\pi], \\
u(\pi) - u(2\pi) = 0, u'(\pi) - u'(2\pi) = 0,
\end{cases} \tag{3.3.12}
$$

其中 $F(t,x) = -|x|^3 - \left| ((2014, 2015, 2016), x) \right|$.

因为 $F(t,x) = -|x|^3 - \left| ((2014, 2015, 2016), x) \right|$, 且

$$\nabla F(t,x) = -3|x|x - \frac{((2014, 2015, 2016), x)}{\left| ((2014, 2015, 2016), x) \right|}(2014, 2015, 2016),$$

易知定理 3.5 的条件对 $p = 5, \mu = 4, M = 2$ 成立. 利用定理 3.5 知边值问题 (3.3.12) 至少有一个解. 注意到, 0 不是边值问题 (3.3.12) 的解. 因而, 边值问题 (3.3.12) 至少有一个非平凡解. ■

3.4 小　　结

本章中, 我们以空间 $W_{\Delta;a,b}^{\alpha,p}([a,b]_{\mathbb{T}}, \mathbb{R}^N)$ 为构造变分泛函的工作空间, 构造了时标上的共形分数阶 p-Laplacian 微分方程边值问题 (3.1.1) 对应的变分泛函, 应用临界点定理给出了其解的存在性的两个结果, 提出了研究时标上的共形分数阶 p-Laplacian 微分方程边值问题的行之有效的新方法, 统一和推广了连续的整数阶 p-Laplacian 微分方程边值问题 ($\mathbb{T} = \mathbb{R}, \alpha = 1$) 和离散的整数阶 p-Laplacian 微分方程边值问题 ($\mathbb{T} = \mathbb{Z}, \alpha = 1$) 以及连续的共形分数阶 p-Laplacian 微分方程边值问题 ($\mathbb{T} = \mathbb{R}, \alpha \in (0, 1)$) 和离散的共形分数阶 p-Laplacian 微分方程边值问题 ($\mathbb{T} = \mathbb{Z}, \alpha \in (0, 1)$) 的研究. 关于问题 (3.1.1) 的多解性有待于我们进一步去研究.

第 4 章　一类时标上的共形分数阶 Hamiltonian 系统解的存在性

4.1　引　　言

本章中, 作为时标上的共形分数阶 Sobolev 空间 $H^\alpha_{\Delta;a,b}$ 在变分法中的首次应用, 我们将空间 $H^\alpha_{\Delta;a,b}$ 作为工作空间, 应用变分方法中的临界点理论研究时标 $\mathbb{T}$ 上的共形分数阶 Hamiltonian 系统

$$\begin{cases} T_\alpha\big(T_\alpha(u)\big)(t) = \nabla F(\sigma(t), u^\sigma(t)), & \Delta\text{-a.e. } t \in [a,b]^\kappa_\mathbb{T}, \\ u(a) - u(b) = 0, T_\alpha(a) - T_\alpha(b) = 0, \end{cases} \tag{4.1.1}$$

其中 $T_\alpha(u)(t)$ 表示 u 在点 t 处的 α 阶共形分数阶导数, $a, b \in \mathbb{T}, 0 < a < b$, 函数 $F : [a,b]_\mathbb{T} \times \mathbb{R}^N \to \mathbb{R}$ 满足第 3 章中所述的条件 (A).

当 $\alpha = 1$ 时, 问题 (4.1.1) 简化为时标上的二阶 Hamiltonian 系统

$$\begin{cases} u^{\Delta^2}(t) = \nabla F(\sigma(t), u^\sigma(t)), & \Delta\text{-a.e. } t \in [a,b]^\kappa_\mathbb{T}, \\ u(a) - u(b) = 0, u^\Delta(a) - u^\Delta(b) = 0, \end{cases} \tag{4.1.2}$$

当 $\mathbb{T} = \mathbb{Z}, \alpha = 1, b - a \geqslant 3$ 时, 问题 (4.1.1) 就简化为二阶离散 Hamiltonian 系统

$$\begin{cases} \Delta^2 u(t) = \nabla F(t+1, u(t+1)), & t \in [a, b-1] \cap \mathbb{Z}, \\ u(a) - u(b) = 0, \Delta u(a) - \Delta u(b) = 0. \end{cases}$$

由于 Hamiltonian 系统广泛存在于数理科学、生命科学以及社会科学的各个领域, 特别是天体力学、等离子物理、航天科学以及生物工程中的

很多模型都以 Hamiltonian 系统的形式出现, 因此该领域的研究多年来长盛不衰. 关于时标上的 Hamiltonian 系统 (4.1.2), 诸多研究者应用变分方法对其解的存在性和多解性进行了大量的研究, 得到了一系列有意义的结果, 可参见文献 [42] 及其相关文献. 尽管如此, 据我所知, 在我们之前还没有人应用变分方法对问题 (4.1.1) 解的存在性和多解性进行过研究. 本章准备应用文献 [41] 中的鞍点定理和极大极小原理研究问题 (4.1.1) 解的存在性.

4.2　准 备 工 作

在本节中, 我们在空间 $H^{\alpha}_{\Delta;a,b}$ 上建立问题 (4.1.1) 对应的泛函, 使其临界点就是问题 (4.1.1) 的解, 达到将研究问题 (4.1.1) 解的存在性转化为研究其对应泛函的临界点的存在性这一目的.

由第 2 章定理 2.17 知, 空间 $H^{\alpha}_{\Delta;a,b}$ 关于内积

$$
\begin{aligned}
\langle u, v \rangle &= \langle u, v \rangle_{H^{\alpha}_{\Delta;a,b}} \\
&= \int_{[a,b)_{\mathbb{T}}} \left(u^{\sigma}(t), v^{\sigma}(t) \right) \Delta^{\alpha} t + \int_{[a,b)_{\mathbb{T}}} \left(T_{\alpha}(u)(t), T_{\alpha}(v)(t) \right) \Delta^{\alpha} t
\end{aligned}
$$

和其对应的范数

$$
\|u\| = \|u\|_{H^{\alpha}_{\Delta;a,b}} = \left(\int_{[a,b)_{\mathbb{T}}} \left| T_{\alpha}(u)(t) \right|^2 \Delta^{\alpha} t + \int_{[a,b)_{\mathbb{T}}} \left| u^{\sigma}(t) \right|^2 \Delta^{\alpha} t \right)^{\frac{1}{2}} \tag{4.2.1}
$$

为 Hilbert 空间.

我们定义泛函 $\varphi : H^{\alpha}_{\Delta;a,b} \to \mathbb{R}$ 如下:

$$
\psi(u) = \frac{1}{2} \int_{[a,b)_{\mathbb{T}}} \left| T_{\alpha}(u)(t) \right|^2 \Delta^{\alpha} t + \int_{[a,b)_{\mathbb{T}}} F\left(\sigma(t), u^{\sigma}(t) \right) \Delta^{\alpha} t, \tag{4.2.2}
$$

则有如下定理成立.

定理 4.1 泛函 ψ 在 $H^\alpha_{\Delta;a,b}$ 上连续可微, 且有

$$\langle \psi'(u), v \rangle = \int_{[a,b)_\mathbb{T}} \left(T_\alpha(u)(t), T_\alpha(v)(t) \right) \Delta^\alpha t$$
$$+ \int_{[a,b)_\mathbb{T}} \left(\nabla F(\sigma(t), u^\sigma(t)), v^\sigma(t) \right) \Delta^\alpha t$$

对任意 $v \in H^\alpha_{\Delta;a,b}$ 成立.

证明 令

$$L(t,x,y) = \frac{1}{2}|y|^2 + F(t,x), \quad x, y \in \mathbb{R}^N, t \in [a,b]_\mathbb{T}.$$

由条件 (A) 知, 函数 $L(t,x,y)$ 满足定理 2.21 的所有条件. 因而, 对函数 $L(t,x,y)$ 应用定理 2.21, 可知泛函 ψ 在 $H^\alpha_{\Delta;a,b}$ 上连续可微, 且有

$$\langle \psi'(u), v \rangle = \int_{[a,b)_\mathbb{T}} \left(T_\alpha(u)(t), T_\alpha(v)(t) \right) \Delta^\alpha t$$
$$+ \int_{[a,b)_\mathbb{T}} \left(\nabla F(\sigma(t), u^\sigma(t)), v^\sigma(t) \right) \Delta^\alpha t$$

对任意 $v \in H^\alpha_{\Delta;a,b}$ 成立. ∎

定理 4.2 若 $u \in H^\alpha_{\Delta;a,b}$ 为泛函 ψ 在 $H^\alpha_{\Delta;a,b}$ 上的临界点, 即 $\psi'(u) = 0$, 则 u 为问题 (4.1.1) 的解.

证明 因为 u 为泛函 ψ 在 $H^\alpha_{\Delta;a,b}$ 上的临界点, 所以 $\psi'(u) = 0$, 故由定理 4.1 有

$$\int_{[a,b)_\mathbb{T}} \left(T_\alpha(u)(t), T_\alpha(v)(t) \right) \Delta^\alpha t + \int_{[a,b)_\mathbb{T}} \left(\nabla F(\sigma(t), u^\sigma(t)), v^\sigma(t) \right) \Delta^\alpha t = 0$$

对任意 $v \in H^\alpha_{\Delta;a,b}$ 成立. 即对任意的 $v \in H^\alpha_{\Delta;a,b}$,

$$\int_{[a,b)_\mathbb{T}} \left(T_\alpha(u)(t), T_\alpha(v)(t) \right) \Delta^\alpha t = - \int_{[a,b)_\mathbb{T}} \left(\nabla F(\sigma(t), u^\sigma(t)), v^\sigma(t) \right) \Delta^\alpha t.$$

据此, 由条件 (A) 及定义 2.21 知 $T_\alpha(u) \in H^\alpha_{\Delta;a,b}$. 再者, 由定理 2.16 及 (2.4.6) 式知, 存在唯一的函数 $x \in V^{\alpha,2}_{\Delta;a,b}([a,b]_\mathbb{T}, \mathbb{R}^N)$ 使得

$$x = u, \quad T_\alpha(T_\alpha(x))(t) = \nabla F\big(\sigma(t), u^\sigma(t)\big) \quad \Delta\text{-a.e.} \ \ t \in [a,b]^{\kappa^2}, \quad (4.2.3)$$

且有

$$\int_{[a,b)_\mathbb{T}} \nabla F\big(\sigma(t), u^\sigma(t)\big) \, \Delta t = 0. \quad (4.2.4)$$

结合 (4.2.3) 式和 (4.2.4) 式得出

$$x(a) - x(b) = 0, \quad T_\alpha(x)(a) - T_\alpha(x)(b) = 0.$$

在将 $u \in H^\alpha_{\Delta;a,b}$ 和其在 $V^{\alpha,2}_{\Delta,T}([a,b]_\mathbb{T}, \mathbb{R}^N)$ 中关于 (4.2.3) 式的绝对连续表示 x 视为同一函数的意义下, u 是问题 (4.1.1) 的解. ∎

定理 4.3 ψ 为 $H^\alpha_{\Delta;a,b}$ 上的弱下半连续泛函.

证明 为方便起见, 我们令

$$\psi_1(u) = \frac{1}{2} \int_{[a,b)_\mathbb{T}} \big|T_\alpha(u)(t)\big|^2 \, \Delta^\alpha t,$$

$$\psi_2(u) = \int_{[a,b)_\mathbb{T}} F\big(\sigma(t), u^\sigma(t)\big) \, \Delta^\alpha t.$$

只需分别证明 ψ_1 和 ψ_2 弱下半连续即可.

首先, 我们证明 ψ_1 弱下半连续. 事实上, $\forall \lambda \in [0,1], \forall u, v \in H^\alpha_{\Delta;a,b}$, 我们有

$$\psi_1\big(\lambda u + (1-\lambda)v\big) - \big[\lambda\psi_1(u) + (1-\lambda)\psi_1(v)\big]$$

$$= \frac{1}{2} \int_{[a,b)_\mathbb{T}} \big|\lambda T_\alpha(u)(t) + (1-\lambda)T_\alpha(v)(t)\big|^2 \, \Delta^\alpha t$$

$$- \frac{\lambda}{2} \int_{[a,b)_\mathbb{T}} \big|T_\alpha(u)(t)\big|^2 \, \Delta^\alpha t - \frac{1-\lambda}{2} \int_{[a,b)_\mathbb{T}} \big|T_\alpha(v)(t)\big|^2 \, \Delta^\alpha t$$

$$
\begin{aligned}
&= \frac{\lambda(\lambda-1)}{2} \int_{[a,b)_{\mathbb{T}}} \left| T_\alpha(u)(t) - T_\alpha(v)(t) \right|^2 \Delta^\alpha t \\
&\leqslant 0.
\end{aligned}
$$

即 $\psi_1\big(\lambda u + (1-\lambda)v\big) \leqslant \lambda\psi_1(u) + (1-\lambda)\psi_1(v)$, 故 ψ_1 是凸连续的, 因而由文献 [41] 定理 1.2 知 ψ_1 是弱下半连续泛函.

其次, 我们证明 ψ_2 弱下半连续. 对任意 $\{u_n\}_{n\in\mathbb{N}} \subset H^\alpha_{\Delta;a,b}$, 若 $\{u_n\}_{n\in\mathbb{N}}$ 在 $H^\alpha_{\Delta;a,b}$ 中弱收敛于 u, 则可由定理 2.20 知 $\{u_n\}_{n\in\mathbb{N}}$ 在 $C([a,b]_{\mathbb{T}}, \mathbb{R}^N)$ 中强收敛于 u. 再根据定理 2.11 和条件 (A) 可得

$$
\begin{aligned}
|\psi_2(u_n) - \psi_2(u)| &= \left| \int_{[a,b)_{\mathbb{T}}} F\big(\sigma(t), u_n^\sigma(t)\big) \Delta^\alpha t - \int_{[a,b)_{\mathbb{T}}} F\big(\sigma(t), u^\sigma(t)\big) \Delta^\alpha t \right| \\
&\leqslant \int_{[a,b)_{\mathbb{T}}} \left| F\big(\sigma(t), u_n^\sigma(t)\big) - F\big(\sigma(t), u^\sigma(t)\big) \right| \Delta^\alpha t \\
&\to 0.
\end{aligned}
$$

此式表明 ψ_2 是弱连续的. ∎

下一节我们将用鞍点定理 (引理 3.1) 和文献 [41] 中的极大极小原理证明问题 (4.1.1) 解的存在性结果.

4.3 主 要 结 果

应用鞍点定理证明解的存在性结果时需要对空间进行直和分解. 因此, 在证明之前, 我们先对空间 $H^\alpha_{\Delta;a,b}$ 做直和分解. 任意 $u \in H^\alpha_{\Delta;a,b}$, 如果

$$
\overline{u} = \left(\int_{[a,b)_{\mathbb{T}}} 1\Delta^\alpha t \right)^{-1} \int_{[a,b)_{\mathbb{T}}} u(t)\,\Delta t, \quad \widetilde{u}(t) = u(t) - \overline{u},
$$

那么

$$
\int_{[a,b)_{\mathbb{T}}} \widetilde{u}(t)\,\Delta^\alpha t = 0.
$$

因此, 令

$$\widetilde{H}^\alpha_{\Delta;a,b} = \left\{ u \in H^\alpha_{\Delta;a,b} : \int_{[a,b)_\mathbb{T}} u(t)\, \Delta^\alpha t = 0 \right\},$$

则有 $H^\alpha_{\Delta;a,b} = \widetilde{H}^\alpha_{\Delta;a,b} \bigoplus \mathbb{R}^N$.

接下来, 我们证明解的存在性结果.

定理 4.4   若函数 $F : [a,b]_\mathbb{T} \times \mathbb{R}^N \to \mathbb{R}$ 满足如下条件:

(H$_1$) 存在 $f, g : [a,b]_\mathbb{T} \to \mathbb{R}^+$, $\varsigma \in [0,1)$ 使得 $f^\sigma, g^\sigma \in L^1_{\alpha,\Delta}([a,b)_\mathbb{T}, \mathbb{R}^+)$, 而且

$$|\nabla F(t,x)| \leqslant f(t)|x|^\varsigma + g(t)$$

对所有 $x \in \mathbb{R}^N$ 和 Δ-几乎处处的 $t \in [a,b]_\mathbb{T}$ 成立;

(H$_2$) 当 $|x| \to \infty$ 时, $|x|^{-2\varsigma} \int_{[a,b)_\mathbb{T}} F(\sigma(t),x)\, \Delta^\alpha t \to +\infty$,

则问题 (4.1.1) 至少有一个解.

证明   根据定理 2.19 知, 可存在 $C_{13} > 0$ 使得

$$\|\widetilde{u}\|^2_\infty \leqslant C_{13} \int_{[a,b)_\mathbb{T}} |T_\alpha(u)(t)|^2\, \Delta t. \tag{4.3.1}$$

根据条件 (H$_1$), 定理 2.19 和 (4.3.1) 式得

$$\left| \int_{[a,b)_\mathbb{T}} \left(F(\sigma(t), u^\sigma(t)) - F(\sigma(t), \overline{u}) \right) \Delta^\alpha t \right|$$
$$\leqslant \left| \int_{[a,b)_\mathbb{T}} \left(\int_0^1 \left(\nabla F(\sigma(t), \overline{u} + s\widetilde{u}^\sigma(t)), \widetilde{u}^\sigma(t) \right) \mathrm{d}s \right) \Delta^\alpha t \right|$$
$$\leqslant \int_{[a,b)_\mathbb{T}} \left(\int_0^1 f^\sigma(t) |\overline{u} + s\widetilde{u}^\sigma(t)|^\varsigma |\widetilde{u}^\sigma(t)|\, \mathrm{d}s \right) \Delta^\alpha t$$
$$+ \int_{[a,b)_\mathbb{T}} \left(\int_0^1 g^\sigma(t) |\widetilde{u}^\sigma(t)|\, \mathrm{d}s \right) \Delta^\alpha t$$
$$\leqslant 2 \left(|\overline{u}|^\varsigma + \|\widetilde{u}\|^\varsigma_\infty \right) \|\widetilde{u}\|_\infty \int_{[a,b)_\mathbb{T}} f^\sigma(t)\, \Delta^\alpha t + \|\widetilde{u}\|_\infty \int_{[a,b)_\mathbb{T}} g^\sigma(t)\, \Delta^\alpha t$$

$$\leqslant \frac{1}{4C_{13}} \|\widetilde{u}\|_\infty^2 + 4C_{13} |\overline{u}|^{2\varsigma} \left(\int_{[a,b)_{\mathbb{T}}} f^\sigma(t) \, \Delta^\alpha t \right)^2$$

$$+ 2\|\widetilde{u}\|_\infty^{\varsigma+1} \int_{[a,b)_{\mathbb{T}}} f^\sigma(t) \, \Delta^\alpha t + \|\widetilde{u}\|_\infty \int_{[a,b)_{\mathbb{T}}} g^\sigma(t) \, \Delta^\alpha t$$

$$\leqslant \frac{1}{4} \int_{[a,b)_{\mathbb{T}}} |T_\alpha(u)(t)|^2 \, \Delta^\alpha t + C_{14} |\overline{u}|^{2\varsigma}$$

$$+ C_{15} \left(\int_{[a,b)_{\mathbb{T}}} |T_\alpha(u)(t)|^2 \, \Delta^\alpha t \right)^{\frac{\varsigma+1}{2}} + C_{16} \left(\int_{[a,b)_{\mathbb{T}}} |T_\alpha(u)(t)|^2 \, \Delta^\alpha t \right)^{\frac{1}{2}}$$

对任意 $u \in H^\alpha_{\Delta;a,b}$ 成立, 其中,

$$C_{14} = 4C_{13} \left(\int_{[a,b)_{\mathbb{T}}} f^\sigma(t) \, \Delta^\alpha t \right)^2,$$

$$C_{15} = 2\big(C_{13}\big)^{\frac{\alpha+1}{2}} \int_{[a,b)_{\mathbb{T}}} f^\sigma(t) \, \Delta^\alpha t,$$

$$C_{16} = \big(C_{13}\big)^{\frac{1}{2}} \int_{[a,b)_{\mathbb{T}}} g^\sigma(t) \, \Delta^\alpha t.$$

因而有

$$\psi(u) = \frac{1}{2} \int_{[a,b)_{\mathbb{T}}} |T_\alpha(u)(t)|^2 \, \Delta^\alpha t + \int_{[a,b)_{\mathbb{T}}} F\big(\sigma(t), u^\sigma(t)\big) \, \Delta^\alpha t$$

$$= \frac{1}{2} \int_{[a,b)_{\mathbb{T}}} |T_\alpha(u)(t)|^2 \, \Delta^\alpha t + \int_{[a,b)_{\mathbb{T}}} F\big(\sigma(t), \overline{u}\big) \, \Delta^\alpha t$$

$$+ \int_{[a,b)_{\mathbb{T}}} \big(F(\sigma(t), u^\sigma(t)) - F(\sigma(t), \overline{u}) \big) \, \Delta^\alpha t$$

$$\geqslant \frac{1}{4} \int_{[a,b)_{\mathbb{T}}} |T_\alpha(u)(t)|^2 \, \Delta^\alpha t$$

$$+ |\overline{u}|^{2\varsigma} \left(|\overline{u}|^{-2\varsigma} \int_{[a,b)_{\mathbb{T}}} F(\sigma(t), \overline{u}) \, \Delta^\alpha t - C_{14} \right)$$

$$- C_{15} \left(\int_{[a,b)_{\mathbb{T}}} |T_\alpha(u)(t)|^2 \, \Delta^\alpha t \right)^{\frac{\varsigma+1}{2}}$$

$$- C_{16} \left(\int_{[a,b)_{\mathbb{T}}} |T_\alpha(u)(t)|^2 \, \Delta^\alpha t \right)^{\frac{1}{2}} \tag{4.3.2}$$

对所有的 $u \in H^\alpha_{\Delta;a,b}$ 成立. 而由定理 3.3 知 $\|u\| \to \infty$ 当且仅当

$$\left(|\bar{u}|^2 + \int_{[a,b)_\mathbb{T}} |T_\alpha(u)(t)|^2 \, \Delta^\alpha t \right)^{\frac{1}{2}} \to \infty,$$

因而, 由 (4.3.2) 式和 (H_2) 可推出, 当 $\|u\| \to \infty$ 时,

$$\psi(u) \to +\infty.$$

根据定理 4.3 和文献 [41] 中的定理 1.1 可知, 泛函 ψ 在 $H^\alpha_{\Delta;a,b}$ 上至少有一个最小值点, 其是泛函 ψ 的临界点. 因而, 由定理 4.2 知, 问题 (4.1.1) 至少有一个解.　∎

　　例 4.1　设 $\mathbb{T} = \{\sqrt{n} : n \in \mathbb{N}_0\}, a = 1, b = 2016, N = 4$. 考虑时标 $\mathbb{T}$ 上的共形分数阶 Hamiltonian 系统

$$\begin{cases} T_\alpha(T_\alpha(u))(t) = \nabla F\big(\sqrt{t^2+1}, u(\sqrt{t^2+1})\big), & \Delta\text{-a.e. } t \in [1, 2016]^\kappa_\mathbb{T}, \\ u(1) - u(2016) = 0, T_\alpha(u)(1) - T_\alpha(u)(2016) = 0, \end{cases}$$

$$(4.3.3)$$

其中 $F(t,x) = (2015 + t^2)|x|^{\frac{5}{4}} + \big((1,2,3,4), x\big)$.

　　因为

$$F(t,x) = (2015 + t^2)|x|^{\frac{5}{4}} + \big((1,2,3,4), x\big), \quad \varsigma = \frac{1}{4},$$

$$f(t) = 2015 + t^2, \quad g(t) = \sqrt{30},$$

所以 $F : [a,b]_\mathbb{T} \times \mathbb{R}^4 \to \mathbb{R}$ 满足定理 4.4 的条件. 因此, 根据定理 4.4 知, 问题 (4.3.3) 至少有一个解. 显然, 0 不是问题 (4.3.3) 的解. 故问题 (4.3.3) 至少有一个非平凡解.　∎

　　定理 4.5　若定理 4.4 中的条件 (H_1) 和条件

　　(H_3) 当 $|x| \to \infty$ 时, $|x|^{-2\varsigma} \displaystyle\int_{[a,b)_\mathbb{T}} F(\sigma(t), x) \, \mathrm{d}t \to -\infty$ 成立,

则问题 (4.1.1) 至少有一个解.

我们将用鞍点定理证明 4.5. 在证明定理 4.5 之前, 首先需要如下
引理.

引理 4.1   如果定理 4.5 的条件成立, 那么 ψ 满足 P.S. 条件.

证明   对泛函 ψ 的任意 P.S. 序列 $\{u_n\} \subseteq H^\alpha_{\Delta;a,b}$, 即 $\{\psi(u_n)\}$ 有界,
并且当 $n \to \infty$ 时, $\psi'(u_n) \to 0$. 由条件 (H$_1$), 定理 2.19 和 (4.3.1) 式知,
不等式

$$
\begin{aligned}
& \left| \int_{[a,b]_{\mathbb{T}}} \left(F(\sigma(t), u_n^\sigma(t)) - F(\sigma(t), \overline{u}_n) \right) \Delta^\alpha t \right| \\
\leqslant\ & \left| \int_{[a,b]_{\mathbb{T}}} \left(\int_0^1 \left(\nabla F(\sigma(t), \overline{u}_n + s\widetilde{u}_n^\sigma(t)), \widetilde{u}_n^\sigma(t) \right) \mathrm{d}s \right) \Delta^\alpha t \right| \\
\leqslant\ & \int_{[a,b]_{\mathbb{T}}} \left(\int_0^1 f^\sigma(t) |\overline{u}_n + s\widetilde{u}_n^\sigma(t)|^\varsigma |\widetilde{u}_n^\sigma(t)| \, \mathrm{d}s \right) \Delta^\alpha t \\
& + \int_{[a,b]_{\mathbb{T}}} \left(\int_0^1 g^\sigma(t) |\widetilde{u}_n^\sigma(t)| \, \mathrm{d}s \right) \Delta^\alpha t \\
\leqslant\ & 2\left(|\overline{u}_n|^\varsigma + \|\widetilde{u}_n\|_\infty^\varsigma \right) \|\widetilde{u}_n\|_\infty \int_{[a,b]_{\mathbb{T}}} f^\sigma(t) \, \Delta^\alpha t \\
& + \|\widetilde{u}_n\|_\infty \int_{[a,b]_{\mathbb{T}}} g^\sigma(t) \, \Delta^\alpha t \\
\leqslant\ & \frac{1}{4C_{13}} \|\widetilde{u}_n\|_\infty^2 + 4C_{13} |\overline{u}_n|^{2\varsigma} \left(\int_{[a,b]_{\mathbb{T}}} f^\sigma(t) \, \Delta^\alpha t \right)^2 \\
& + 2\|\widetilde{u}_n\|_\infty^{\varsigma+1} \int_{[a,b]_{\mathbb{T}}} f^\sigma(t) \, \Delta^\alpha t + \|\widetilde{u}_n\|_\infty \int_{[a,b]_{\mathbb{T}}} g^\sigma(t) \, \Delta^\alpha t \\
\leqslant\ & \frac{1}{4} \int_{[a,b]_{\mathbb{T}}} |T_\alpha(u_n)(t)|^2 \, \Delta^\alpha t + C_{14} |\overline{u}_n|^{2\varsigma} \\
& + C_{15} \left(\int_{[a,b]_{\mathbb{T}}} |T_\alpha(u_n)(t)|^2 \, \Delta^\alpha t \right)^{\frac{\varsigma+1}{2}} \\
& + C_{16} \left(\int_{[a,b]_{\mathbb{T}}} |T_\alpha(u_n)(t)|^2 \, \Delta^\alpha t \right)^{\frac{1}{2}} \qquad (4.3.4)
\end{aligned}
$$

对所有的 $n \in \mathbb{N}$ 成立. 再根据 (4.3.4) 式和条件 (H$_3$) 有

$$\|\widetilde{u}_n\| \geqslant \langle \psi'(u_n), \widetilde{u}_n \rangle$$

$$= \int_{[a,b)_{\mathbb{T}}} |T_\alpha(u_n)(t)|^2 \, \Delta^\alpha t + \int_{[a,b)_{\mathbb{T}}} \left(\nabla F(\sigma(t), u_n^\sigma(t), \widetilde{u}_n(t)) \, \Delta^\alpha t \right.$$

$$\geqslant \frac{3}{4} \int_{[a,b)_{\mathbb{T}}} |T_\alpha(u_n)(t)|^2 \, \Delta^\alpha t - C_{14} |\overline{u}_n|^{2\varsigma}$$

$$- C_{15} \left(\int_{[a,b)_{\mathbb{T}}} |T_\alpha(u_n)(t)|^2 \, \Delta^\alpha t \right)^{\frac{\varsigma+1}{2}}$$

$$- C_{16} \left(\int_{[a,b)_{\mathbb{T}}} |T_\alpha(u_n)(t)|^2 \, \Delta^\alpha t \right)^{\frac{1}{2}} \tag{4.3.5}$$

对充分大的 $n \in \mathbb{N}$ 成立. 应用 (4.2.1) 式和 (4.3.1) 式, 有

$$\int_{[a,b)_{\mathbb{T}}} |T_\alpha(u)_n(t)|^2 \, \Delta t \leqslant \|\widetilde{u}_n\|^2$$

$$\leqslant \left(1 + C_5 \int_{[a,b)_{\mathbb{T}}} 1 \Delta^\alpha t \right) \int_{[a,b)_{\mathbb{T}}} |T_\alpha(u)_n(t)|^2 \, \Delta^\alpha t. \tag{4.3.6}$$

(4.3.5) 式和 (4.3.6) 式表明: 存在常数 C_{17} 及 C_{18} 使得

$$C_9 |\overline{u}_n|^\alpha \geqslant \left(\int_{[a,b)_{\mathbb{T}}} |T_\alpha(u)_n(t)|^2 \, \Delta t \right)^{\frac{1}{2}} - C_{10} \tag{4.3.7}$$

对充分大的 $n \in \mathbb{N}$ 成立. 类似于定理 4.4 的证明过程, 有

$$\left| \int_{[a,b)_{\mathbb{T}}} \left(F(\sigma(t), u_n^\sigma(t)) - F(\sigma(t), \overline{u}_n) \right) \Delta^\alpha t \right|$$

$$\leqslant \frac{1}{4} \int_{[a,b)_{\mathbb{T}}} |T_\alpha(u_n)(t)|^2 \, \Delta^\alpha t + C_{14} |\overline{u}_n|^{2\varsigma}$$

$$+ C_{15} \left(\int_{[a,b)_{\mathbb{T}}} |T_\alpha(u_n)(t)|^2 \, \Delta^\alpha t \right)^{\frac{\varsigma+1}{2}}$$

$$+ C_{16} \left(\int_{[a,b)_{\mathbb{T}}} |T_\alpha(u_n)(t)|^2 \, \Delta^\alpha t \right)^{\frac{1}{2}} \tag{4.3.8}$$

对所有的 $n \in \mathbb{N}$ 成立. 由 (4.3.7) 式、(4.3.8) 式以及 $\{\psi(u_n)\}$ 的有界性知, 对充分大的 n, 存在常数 C_{19} 和 C_{20} 使得

$$C_{19} \leqslant \psi(u_n)$$

$$= \frac{1}{2} \int_{[a,b)_{\mathbb{T}}} |T_\alpha(u_n)(t)|^2 \, \mathrm{d}t + \int_{[a,b)_{\mathbb{T}}} F(\sigma(t), \overline{u}_n) \, \Delta^\alpha t$$

$$+ \int_{[a,b)_{\mathbb{T}}} \left(F(\sigma(t), u_n^\sigma(t)) - F(\sigma(t), \overline{u}_n) \right) \Delta^\alpha t$$

$$\leqslant \frac{3}{4} \int_{[a,b)_{\mathbb{T}}} |T_\alpha(u_n)(t)|^2 \, \Delta^\alpha t + C_{14} |\overline{u}_n|^{2\varsigma} + \int_{[a,b)_{\mathbb{T}}} F(\sigma(t), \overline{u}_n) \, \Delta^\alpha t$$

$$+ C_{15} \left(\int_{[a,b)_{\mathbb{T}}} |T_\alpha(u_n)(t)|^2 \, \Delta^\alpha t \right)^{\frac{\varsigma+1}{2}} + C_{16} \left(\int_{[a,b)_{\mathbb{T}}} |T_\alpha(u_n)(t)|^2 \, \Delta^\alpha t \right)^{\frac{1}{2}}$$

$$\leqslant |\overline{u}_n|^{2\varsigma} \left(|\overline{u}_n|^{-2\varsigma} \int_{[a,b)_{\mathbb{T}}} F(\sigma(t), \overline{u}_n) \, \Delta^\alpha t + C_{20} \right). \tag{4.3.9}$$

从而, 结合 (H$_3$) 和 (4.3.9) 式知, $\{|\overline{u}_n|\}$ 有界. 因此, 可由 (4.3.6) 式和 (4.3.7) 式可知, $\{u_n\}$ 在 $H^\alpha_{\Delta;a,b}$ 中有界. 从而由空间 $H^\alpha_{\Delta;a,b}$ 的自反性和一致凸性知, 存在 $\{u_n\}$ 的子列, 不妨仍记为 $\{u_n\}$, 使得在 $H^\alpha_{\Delta;a,b}$ 中

$$u_n \rightharpoonup u. \tag{4.3.10}$$

据此和定理 2.20 知, 在 $C([a,b]_{\mathbb{T}}, \mathbb{R}^N)$ 中

$$u_n \to u. \tag{4.3.11}$$

注意到

$$\langle \psi'(u_n) - \psi'(u), u_n - u \rangle$$

$$= \int_{[a,b)_{\mathbb{T}}} \left(\nabla F(\sigma(t), u_n^\sigma(t)) - \nabla F(\sigma(t), u^\sigma(t)), u_n^\sigma(t) - u^\sigma(t) \right) \Delta^\alpha t$$

$$+ \int_{[a,b)_{\mathbb{T}}} \left| T_\alpha(u_n)(t) - T_\alpha(u)(t) \right|^2 \Delta^\alpha t. \tag{4.3.12}$$

至此, 由条件 (A), (4.3.10)—(4.3.12) 式可推出 $\{u_n\}$ 在 $H^\alpha_{\Delta;a,b}$ 中收敛于 u, 即 ψ 满足 P.S. 条件. ∎

由如上准备工作, 我们证明定理 4.5.

定理 4.5 证明　首先, 证明当 $u \in \widetilde{H}^{\alpha}_{\Delta;a,b}, \|u\| \to \infty$ 时,

$$\psi(u) \to +\infty. \tag{4.3.13}$$

事实上, 对任意 $u \in \widetilde{H}^{\alpha}_{\Delta;a,b}$, 有 $\bar{u} = 0$, 而且类似于定理 4.4 的证明过程, 有

$$\left| \int_{[a,b)_{\mathbb{T}}} \Big(F(\sigma(t), u^{\sigma}(t)) - F(\sigma(t), 0) \Big) \Delta^{\alpha} t \right|$$

$$\leqslant \frac{1}{4} \int_{[a,b)_{\mathbb{T}}} |T_{\alpha}(u)(t)|^2 \Delta^{\alpha} t + C_{15} \left(\int_{[a,b)_{\mathbb{T}}} |T_{\alpha}(u)(t)|^2 \Delta^{\alpha} t \right)^{\frac{\varsigma+1}{2}}$$

$$+ C_{16} \left(\int_{[a,b)_{\mathbb{T}}} |T_{\alpha}(u)(t)|^2 \Delta^{\alpha} t \right)^{\frac{1}{2}}. \tag{4.3.14}$$

再由 (4.3.14) 式得, 对任意 $u \in \widetilde{H}^{\alpha}_{\Delta;a,b}$, 有

$$\psi(u) = \frac{1}{2} \int_{[a,b)_{\mathbb{T}}} |T_{\alpha}(u)(t)|^2 \Delta^{\alpha} t + \int_{[a,b)_{\mathbb{T}}} F(\sigma(t), 0) \Delta^{\alpha} t$$

$$+ \int_{[a,b)_{\mathbb{T}}} \big(F(\sigma(t), u^{\sigma}(t)) - F(\sigma(t), 0) \big) \Delta^{\alpha} t$$

$$\geqslant \frac{1}{4} \int_{[a,b)_{\mathbb{T}}} |T_{\alpha}(u)(t)|^2 \Delta^{\alpha} t - C_{15} \left(\int_{[a,b)_{\mathbb{T}}} |T_{\alpha}(u)(t)|^2 \Delta^{\alpha} t \right)^{\frac{\varsigma+1}{2}}$$

$$- C_{16} \left(\int_{[a,b)_{\mathbb{T}}} |T_{\alpha}(u)(t)|^2 \Delta^{\alpha} t \right)^{\frac{1}{2}} + \int_{[a,b)_{\mathbb{T}}} F(\sigma(t), 0) \Delta^{\alpha} t. \tag{4.3.15}$$

由定理 2.19 易知, 当 $u \in \widetilde{H}^{\alpha}_{\Delta;a,b}$ 时, 有

$$\|u\| \to \infty \Leftrightarrow \|T_{\alpha}(u)\|_{L^2} \to \infty.$$

注意到 $\varsigma \in [0,1)$, 因此, 由 (4.3.15) 式知 (4.3.13) 式成立.

其次, 可由 (H$_3$) 知, 当 $u \in \mathbb{R}^N, |u| \to \infty$ 时,

$$\psi(u) = \int_{[a,b)_{\mathbb{T}}} F(\sigma(t), u) \Delta^{\alpha} t$$

$$\leqslant |u|^{2\varsigma} \left(|u|^{-2\varsigma} \int_{[a,b]_{\mathbb{T}}} F(\sigma(t), u) \, \Delta^\alpha t \right) \to -\infty.$$

从而, 由引理 3.1 和引理 4.1 知, 问题 (4.1.1) 至少有一个解. ∎

例 4.2 设 $\mathbb{T} = \mathbb{R}, a = \pi, b = 2\pi, N = 4$. 考虑二阶 Hamiltonian 系统

$$\begin{cases} \ddot{u}(t) = \nabla F(t, u(t)), & \text{a.e. } t \in [\pi, 2\pi], \\ u(\pi) - u(2\pi) = \dot{u}(\pi) - \dot{u}(2\pi) = 0, \end{cases} \tag{4.3.16}$$

其中 $F(t, x) = -(t+1)|x|^{\frac{7}{5}} + ((1,1,1,1,), x)$.

因为

$$F(t, x) = -(t+1)|x|^{\frac{7}{5}} + ((1,1,1,1), x), \quad \varsigma = \frac{2}{5},$$

$$f(t) = -(t+1), \quad g(t) = \sqrt{4},$$

所以 $F : [\pi, 2\pi]_{\mathbb{T}} \times \mathbb{R}^4 \to \mathbb{R}$ 满足定理 4.5 的条件. 因此, 由定理 4.5 知, 问题 (4.3.16) 至少有一个解. 显然, 0 不是问题 (4.3.16) 的解. 故问题 (4.3.16) 至少有一个非平凡解. ∎

定理 4.6 如果 $F(t, x)$ 满足条件

(H₄) $F(t, \cdot)$ 关于 Δ-几乎处处的 $t \in [a, b]_{\mathbb{T}}$ 是凸的, 并且当 $|x| \to \infty$ 有

$$\int_{[a,b]_{\mathbb{T}}} F(\sigma(t), x) \, \Delta^\alpha t \to +\infty,$$

则问题 (4.1.1) 至少有一个解.

证明 令函数 $G : \mathbb{R}^N \to \mathbb{R}$ 如下:

$$G(x) = \int_{[a,b]_{\mathbb{T}}} F(\sigma(t), x) \, \Delta^\alpha t.$$

根据假设条件知, 函数 G 在某点 $\overline{x}$ 处可取得最小值, 而且

$$\int_{[a,b)_{\mathbb{T}}} \nabla F(\sigma(t), \overline{x}) \, \Delta^{\alpha} t = 0. \tag{4.3.17}$$

对泛函 ψ 的任意极小化序列 $\{u_k\}$ 是, 由文献 [1] 中的命题 1.4 和 (4.3.17) 式有

$$\begin{aligned}
\psi(u_k) &= \frac{1}{2} \int_{[a,b)_{\mathbb{T}}} |T_{\alpha}(u_k)(t)|^2 \, \Delta^{\alpha} t + \int_{[a,b)_{\mathbb{T}}} F(\sigma(t), \overline{x}) \, \Delta^{\alpha} t \\
&\quad + \int_{[a,b)_{\mathbb{T}}} \left(F(\sigma(t), u_k^{\sigma}(t)) - F(\sigma(t), \overline{x}) \right) \Delta^{\alpha} t \\
&\geqslant \frac{1}{2} \int_{[a,b)_{\mathbb{T}}} |T_{\alpha}(u_k)(t)|^2 \, \Delta^{\alpha} t + \int_{[a,b)_{\mathbb{T}}} F(\sigma(t), \overline{x}) \, \Delta^{\alpha} t \\
&\quad + \int_{[a,b)_{\mathbb{T}}} \left(\nabla F(\sigma(t), \overline{x}), u_k^{\sigma}(t) - \overline{x} \right) \Delta^{\alpha} t \\
&= \frac{1}{2} \int_{[a,b)_{\mathbb{T}}} |T_{\alpha}(u_k)(t)|^2 \, \Delta^{\alpha} t + \int_{[a,b)_{\mathbb{T}}} F(\sigma(t), \overline{x}) \, \Delta^{\alpha} t \\
&\quad + \int_{[a,b)_{\mathbb{T}}} \left(\nabla F(\sigma(t), \overline{x}), \widetilde{u}_k^{\sigma}(t) \right) \Delta^{\alpha} t, \tag{4.3.18}
\end{aligned}$$

这里

$$\widetilde{u}_k(t) = u_k(t) - \overline{u}_k, \quad \overline{u}_k = \left(\int_{[a,b)_{\mathbb{T}}} 1 \Delta^{\alpha} \right)^{-1} \int_{[a,b)_{\mathbb{T}}} u_k(t) \, \Delta^{\alpha} t.$$

联合条件 (A), 定理 2.19 和 (4.3.18) 式, 可知存在常数 C_{21}, C_{22} 使得

$$\begin{aligned}
\psi(u_k) &\geqslant \frac{1}{2} \int_{[a,b)_{\mathbb{T}}} |T_{\alpha}(u_k)(t)|^2 \, \Delta^{\alpha} t + \int_{[a,b)_{\mathbb{T}}} F(\sigma(t), \overline{x}) \, \Delta^{\alpha} t \\
&\quad - \left(\int_{[a,b)_{\mathbb{T}}} \left| \nabla F(\sigma(t), \overline{x}) \right| \Delta^{\alpha} t \right) \|\widetilde{u}_k\|_{\infty} \\
&\geqslant \frac{1}{2} \int_{[a,b)_{\mathbb{T}}} |T_{\alpha}(u_k)(t)|^2 \, \Delta^{\alpha} t - C_{21} \\
&\quad - C_{22} \left(\int_{[a,b)_{\mathbb{T}}} |T_{\alpha}(u_k)(t)|^2 \, \Delta^{\alpha} t \right)^{\frac{1}{2}}. \tag{4.3.19}
\end{aligned}$$

此时, 由 (4.3.19) 式易知, 存在正常数 C_{23} 使得

$$\int_{[a,b)_\mathbb{T}} |T_\alpha(u_k)(t)|^2\, \Delta^\alpha t \leqslant C_{23}. \qquad (4.3.20)$$

进而, 利用定理 2.19 和 (4.3.20) 式得, 存在正常数 C_{24} 使得

$$\|\widetilde{u}_k\|_\infty \leqslant C_{24}. \qquad (4.3.21)$$

然后, 根据条件 (H_4), 有

$$F\left(\sigma(t), \frac{\overline{u}_k}{2}\right) = F\left(\sigma(t), \frac{u_k^\sigma(t) - \widetilde{u}_k^\sigma(t)}{2}\right)$$
$$\leqslant \frac{1}{2} F(\sigma(t), u_k^\sigma(t)) + \frac{1}{2} F(\sigma(t), -\widetilde{u}_k^\sigma(t)). \qquad (4.3.22)$$

对 Δ-几乎处处的 $t \in [a,b)_\mathbb{T}$ 和所有的 $k \in \mathbb{N}$ 成立. 而 (4.2.2) 式和 (4.3.22) 式蕴含

$$\psi(u_k) \geqslant \frac{1}{2}\int_{[a,b)_\mathbb{T}} \left|T_\alpha(u)_k(t)\right|^2 \Delta^\alpha t + 2\int_{[a,b)_\mathbb{T}} F\left(\sigma(t), \frac{\overline{u}_k^\sigma}{2}\right)\Delta^\alpha t$$
$$-\int_{[a,b)_\mathbb{T}} F\left(\sigma(t), -\widetilde{u}_k^\sigma(t)\right)\Delta^\alpha t. \qquad (4.3.23)$$

因此, 由 (4.3.21) 式和 (4.3.23) 式知, 存在正常数 C_{25} 使得

$$\psi(u_k) \geqslant 2\int_{[a,b)_\mathbb{T}} F\left(\sigma(t), \frac{\overline{u}_k^\sigma}{2}\right)\Delta^\alpha t - C_{25}. \qquad (4.3.24)$$

由条件 (H_4) 和 (4.3.24) 式知 $\{\overline{u}_k\}$ 有界. 因此, 由定理 2.19 和 (4.3.20) 式得, $\{u_k\}$ 在空间 $H^\alpha_{\Delta;a,b}$ 中有界. 由定理 4.3 和文献 [41] 中的定理 1.1 知, 泛函 ψ 在 $H^\alpha_{\Delta;a,b}$ 上至少有一个最小值点, 其是泛函 ψ 的临界点. 所以, 利用定理 4.2 知, 问题 (4.1.1) 至少有一个解. ■

例 4.3 设 $\mathbb{T} = \mathbb{Z}, a = 1, b = 100, N = 3$. 考虑时标 $\mathbb{T}$ 上的离散 Hamiltonian 系统

$$
\begin{cases}
T_\alpha\big(T_\alpha(u)\big)(t) = \nabla F\big(t+1, u(t+1)\big), & \Delta\text{-a.e. } t \in [1,99] \cap \mathbb{Z}, \\
u(1) - u(100) = 0, T_\alpha(1) - T_\alpha(100) = 0,
\end{cases}
$$

$$(4.3.25)$$

其中 $F(t,x) = |x|^4 + \big|\big((3,2,1),x\big)\big|$.

由于 $F(t,x) = |x|^4 + \big|\big((3,2,1),x\big)\big|$, 因此, $F : [1,100]_{\mathbb{T}} \times \mathbb{R}^3 \to \mathbb{R}$ 满足定理 4.6 的条件. 因此, 根据定理 4.6 知, 问题 (4.3.25) 至少有一个解. 显然, 0 不是问题 (4.3.25) 的解. 故问题 (4.3.25) 至少有一个非平凡解. ∎

4.4　小　　结

本章中, 作为时标上的共形分数阶 Sobolev 空间 $H^\alpha_{\Delta;a,b}$ 在变分方法中的应用, 我们以共形分数阶 Sobolev 空间 $H^\alpha_{\Delta;a,b}$ 为工作空间, 应用临界点理论研究了时标上的共形分数阶 Hamiltonian 系统 (4.1.1) 解的存在性, 获得了其解存在的三个结果, 并举例说明所得结果的有效性. 这一研究方法实现了应用变分方法中的临界点理论研究时标上的共形分数阶 Hamiltonian 系统的新突破, 统一和推广了连续的整数阶 Hamiltonian 系统 $(\mathbb{T} = \mathbb{R}, \alpha = 1)$ 和离散的整数阶 Hamiltonian 系统 $(\mathbb{T} = \mathbb{Z}, \alpha = 1)$ 以及连续的共形分数阶 Hamiltonian 系统 $(\mathbb{T} = \mathbb{R}, \alpha \in (0,1))$ 和离散的共形分数阶 Hamiltonian 系统 $(\mathbb{T} = \mathbb{Z}, \alpha \in (0,1))$ 的研究. 关于问题 (4.1.1) 的多解性有待于我们进一步去研究.

第 5 章　一类时标上的脉冲共形分数阶 Hamiltonian 系统解的存在性

5.1　引　　言

本章里, 我们将时标上的共形分数阶 Sobolev 空间 $H_{\Delta;a,b}^{\alpha}$ 用于时标上的脉冲共形分数阶 Hamiltonian 系统的变分方法研究中, 即将空间 $H_{\Delta;a,b}^{\alpha}$ 作为工作空间, 应用变分方法中的临界点理论研究时标 $\mathbb{T}$ 上的脉冲共形分数阶 Hamiltonian 系统

$$
\begin{cases}
T_{\alpha}(T_{\alpha}(u))(t) + \nabla F\big(\sigma(t), u(\sigma(t))\big) = 0, & \Delta\text{-a.e. } t \in [a,b]_{\mathbb{T}}^{\kappa}, \\
u(a) - u(b) = T_{\alpha}(u)(a) - T_{\alpha}(u)(b) = 0, \\
T_{\alpha}(u^i)(t_j^+) - T_{\alpha}(u^i)(t_j^-) = I_{ij}\big(u^i(t_j)\big), & i = 1,2,\cdots,N, j = 1,2,\cdots,\widetilde{p},
\end{cases}
\tag{5.1.1}
$$

$T_{\alpha}(u)(t)$ 表示 u 在点 t 处的 α 阶共形分数阶导数, $a, b \in \mathbb{T}, 0 < a < b$, $a = t_0 < t_1 < t_2 < \cdots < t_{\widetilde{p}} < t_{\widetilde{p}+1} = b, t_j \in [a,b]_{\mathbb{T}}, j = 0,1,2,\cdots,\widetilde{p}+1$,

$$
T_{\alpha}(u^i)(t_j^+)
\begin{cases}
\lim\limits_{t \to t_j^+} T_{\alpha}(u^i)(t), & t \text{ 为右稠密点}, \\
T_{\alpha}(u^i)(\sigma(t_j)), & t \text{ 为右离散点},
\end{cases}
$$

$$
T_{\alpha}(u^i)(t_j^-)
\begin{cases}
\lim\limits_{t \to t_j^-} T_{\alpha}(u^i)(t), & t \text{ 为左稠密点}, \\
T_{\alpha}(u^i)(\rho(t_j)), & t \text{ 为左离散点},
\end{cases}
$$

$u(t) = \big(u^1(t), u^2(t), \cdots, u^N(t)\big), I_{ij} : \mathbb{R} \to \mathbb{R}(i = 1,2,\cdots,N, j = 1,$

$2, \cdots, \widetilde{p})$ 为连续函数, 函数 $F : [a, b]_{\mathbb{T}} \times \mathbb{R}^N \to \mathbb{R}$ 满足第 3 章中所述的条件 (A).

为了后面的叙述方便, 我们记 $\Lambda_1 = \{1, 2, \cdots, N\}, \Lambda_2 = \{1, 2, \cdots, \widetilde{p}\}$.

当 $\mathbb{T} = \mathbb{R}, \alpha = 1$ 时, 问题 (5.1.1) 简化为经典的二阶脉冲 Hamiltonian 系统

$$
\begin{cases}
\ddot{u}(t) + \nabla F(t, u(t)) = 0, & \text{a.e. } t \in [a, b], \\
u(a) - u(b) = \dot{u}(a) - \dot{u}(b) = 0, & (5.1.2) \\
\Delta \dot{u}^i(t_j) = \dot{u}^i(t_j^+) - \dot{u}^i(t_j^-) = I_{ij}(u^i(t_j)), & i \in \Lambda_1, j \in \Lambda_2.
\end{cases}
$$

当 $\mathbb{T} = \mathbb{Z}, \alpha = 1, b - a \geqslant 3$ 时, 问题 (5.1.1) 简化为具脉冲项的二阶离散 Hamiltonian 系统

$$
\begin{cases}
\Delta^2 u(t) + \nabla F\big(t+1, u(t+1)\big) = 0, & \text{a.e. } t \in [0, T-1] \cap \mathbb{Z}, \\
u(a) - u(b) = 0, \Delta u(a) - \Delta u(b) = 0, \\
\Delta u^i(t_j + 1) - \Delta u^i(t_j - 1) = I_{ij}\big(u^i(t_j)\big), & i \in \Lambda_1, j \in \Lambda_2.
\end{cases}
$$

在文献 [56] 中, 作者应用临界点定理给出问题 (5.1.2) 解的存在性和多解性的一系列充分条件. 尽管如此, 当 $\alpha \neq 1$ 时, 至今尚未知道问题 (5.1.1) 是否具有变分结构, 因此还没有应用变分方法研究问题 (5.1.1) 的相关结果出现. 本章将在时标上的共形分数阶 Sobolev 空间 $H_{\Delta; a, b}^\alpha$ 上用变分方法中的临界点定理研究时标上具脉冲项的共形分数阶 Hamiltonian 系统解的存在性, 克服这一困难.

脉冲效应广泛存在于其状态在某些时刻突然发生改变的演化过程中. 脉冲动力系统理论由于许多数学工作者的研究而得于蓬勃的发展 [57-60]. 脉冲微分方程广泛用于生物学、医学、力学、工程、混沌理论等领域中 [61-64].

对于二阶系统 $u'' = f(t, u, u')$, 脉冲效应通常发生在位移函数 u 和速度函数 u' 上. 虽然如此, 在航天器的运动中, 可能速度函数会出现脉冲效应 (速度函数出现跳跃间断点), 但位移函数不发生脉冲效应 (位移函数连续), 比如在火箭发射过程中, 第一级火箭发射完毕、第二级火箭开始发射的瞬间, 位移没有发生瞬间改变, 但速率发生突变, 参见文献 [65]. 因此, 对只在导数项上产生脉冲的动力系统的研究具有较好的理论意义和实际应用价值, 如文献 [66] 就是研究只在导数项上产生脉冲的动力系统.

时标上的脉冲动力系统是一个前沿性的活跃的研究领域, 一个重要原因在于时标上的脉冲动力系统的研究统一和推广了连续动力系统和离散动力系统的研究.

研究时标上的动力系统的方法很多, 如上下解方法、不动点理论、重合度理论、临界点理论等. 但是, 据我所知, 应用临界点理论研究时标上的分数阶动力系统的研究结果还很少, 困难在于没有合适的构造时标上的分数阶动力系统对应的变分泛函的工作空间. 时标上的脉冲分数阶动力系统更是如此.

鉴于上述原因, 我们在共形分数阶 Sobolev 空间 $H_{\Delta;a,b}^{\alpha}$ 上构造问题 (5.1.1) 对应的变分结构, 并应用临界点定理研究问题 (5.1.1) 解的存在性, 统一和推广连续 Hamiltonian 系统、离散 Hamiltonian 系统、整数阶 Hamiltonian 系统和分数阶 Hamiltonian 系统的研究, 提出一套研究时标上的共性分数阶动力系统的行之有效的新方法.

5.2 准备工作

在本节中, 我们在空间 $H_{\Delta;a,b}^{\alpha}$ 上建立问题 (5.1.1) 对应的泛函, 使其临界点就是问题 (5.1.1) 的解, 达到将研究问题 (5.1.1) 解的存在性转化为研究其对应泛函的临界点的存在性这一目的.

若 $u \in H_{\Delta;a,b}^{\alpha}$, 在将 $u \in H_{\Delta;a,b}^{\alpha}$ 与其关于 (4.2.3) 式的绝对连续表示 x 视为同一函数的意义下, u 绝对连续且 $T_{\alpha}(u) \in L_{\alpha,\Delta}^{2}([a,b]_{\mathbb{T}}; \mathbb{R}^{N})$. 此时, $T_{\alpha}(u)(t^{+}) - T_{\alpha}(u)(t^{-}) = 0$ 对某些 $t \in (a,b)_{\mathbb{T}}$ 可能不成立, 这就导致了脉冲的产生.

取 $v \in H_{\Delta;a,b}^{\alpha}$, 等式

$$T_{\alpha}\big(T_{\alpha}(u)\big)(t) + \nabla F\big(\sigma(t), u^{\sigma}(t)\big) = 0$$

两边与 v^{σ} 作内积, 并在区间 $[a,b]_{\mathbb{T}}$ 上积分得

$$\int_{[a,b]_{\mathbb{T}}} \left[T_{\alpha}(T_{\alpha}(u))(t) + \nabla F\big(\sigma(t), u^{\sigma}(t)\big) \right] v^{\sigma}(t)\, \Delta^{\alpha} t = 0. \qquad (5.2.1)$$

进而, 联合 $T_{\alpha}(u)(a) - T_{\alpha}(u)(b) = 0$, 定理 2.11 和定理 2.13, 有

$$\int_{[a,b]_{\mathbb{T}}} \big(T_{\alpha}(T_{\alpha}(u))(t), v^{\sigma}(t)\big)\, \Delta^{\alpha} t$$

$$= \sum_{j=0}^{\tilde{p}} \int_{[t_j, t_{j+1}]_{\mathbb{T}}} \big(T_{\alpha}(T_{\alpha}(u))(t), v^{\sigma}(t)\big)\, \Delta^{\alpha} t$$

$$= \sum_{j=0}^{\tilde{p}} \left[\big(T_{\alpha}(u)(t_{j+1}^{-}), v(t_{j+1}^{-})\big) - \big(T_{\alpha}(u)(t_j^{+}), v(t_j^{+})\big) \right]$$

$$- \sum_{j=0}^{\tilde{p}} \left[\int_{[t_j, t_{j+1}]_{\mathbb{T}}} \big(T_{\alpha}(u)(t), T_{\alpha}(v)(t)\big)\, \Delta^{\alpha} t \right]$$

$$= \sum_{j=0}^{\widetilde{p}} \sum_{i=1}^{N} \left(T_\alpha(u^i)(t_{j+1}^-)v^i(t_{j+1}^-) - T_\alpha(u^i)(t_j^+)v^i(t_j^+) \right)$$

$$- \sum_{j=0}^{\widetilde{p}} \left[\int_{[t_j,t_{j+1})_\mathbb{T}} \left(T_\alpha(u)(t), T_\alpha(v)(t) \right) \Delta^\alpha t \right]$$

$$= T_\alpha(u)(b)v(b) - T_\alpha(u)(a)v(a)$$

$$- \sum_{j=1}^{\widetilde{p}} \sum_{i=1}^{N} I_{ij}\big(u^i(t_j)\big)(v^i)(t_j) - \int_{[a,b)_\mathbb{T}} \left(T_\alpha(u)(t), T_\alpha(v)(t) \right) \Delta^\alpha t$$

$$= -\sum_{j=1}^{\widetilde{p}} \sum_{i=1}^{N} I_{ij}\big(u^i(t_j)\big)(v^i)(t_j) - \int_{[a,b)_\mathbb{T}} \left(T_\alpha(u)(t), T_\alpha(v)(t) \right) \Delta^\alpha t,$$

结合 (5.2.1) 式得

$$\int_{[a,b)_\mathbb{T}} \left(T_\alpha(u)(t), T_\alpha(v)(t) \right) \Delta^\alpha t + \sum_{j=1}^{\widetilde{p}} \sum_{i=1}^{N} I_{ij}\big((u^i)(t_j)\big)(v^i)(t_j)$$

$$= \int_{[a,b)_\mathbb{T}} \left(\nabla F(\sigma(t), u^\sigma(t)), v^\sigma(t) \right) \Delta^\alpha t.$$

据上述原因, 我们给出问题 (5.1.1) 解的定义.

定义 5.1 若等式

$$\int_{[a,b)_\mathbb{T}} \left(T_\alpha(u)(t), T_\alpha(v)(t) \right) \Delta^\alpha t + \sum_{j=1}^{\widetilde{p}} \sum_{i=1}^{N} I_{ij}\big((u^i)(t_j)\big)(v^i)(t_j)$$

$$= \int_{[a,b)_\mathbb{T}} \left(\nabla F(\sigma(t), u^\sigma(t)), v^\sigma(t) \right) \Delta^\alpha t$$

对所有的 $v \in H^\alpha_{\Delta;a,b}$ 成立, 则称函数 $u \in H^\alpha_{\Delta;a,b}$ 为问题 (5.1.1) 的解 (弱解).

现在, 构造问题 (5.1.1) 对应的变分泛函. 定义泛函 $\overline{\varphi}: H^\alpha_{\Delta;a,b} \to \mathbb{R}$ 如下:

$$\overline{\varphi}(u) = \frac{1}{2} \int_{[a,b)_\mathbb{T}} |T_\alpha(u)(t)|^2 \Delta^\alpha t + \sum_{j=1}^{\widetilde{p}} \sum_{i=1}^{N} \int_0^{u^i(t_j)} I_{ij}(t)\,\mathrm{d}t$$

$$- \int_{[a,b)_{\mathbb{T}}} F\big(\sigma(t), u^\sigma(t)\big) \, \Delta^\alpha t$$

$$= \overline{\psi}(u) + \overline{\phi}(u), \tag{5.2.2}$$

其中,

$$\overline{\psi}(u) = \frac{1}{2} \int_{[a,b)_{\mathbb{T}}} |T_\alpha(u)(t)|^2 \, \Delta^\alpha t - \int_{[a,b)_{\mathbb{T}}} F\big(\sigma(t), u^\sigma(t)\big) \, \Delta^\alpha t,$$

$$\overline{\phi}(u) = \sum_{j=1}^{\widetilde{p}} \sum_{i=1}^{N} \int_0^{u^i(t_j)} I_{ij}(t) \, \mathrm{d}t.$$

定理 5.1　泛函 $\overline{\varphi}$ 在 $H^\alpha_{\Delta;a,b}$ 上连续可微, 且有

$$\langle \overline{\varphi}'(u), v \rangle = \int_{[a,b)_{\mathbb{T}}} \big(T_\alpha(u)(t), T_\alpha(v)\big) \, \Delta^\alpha t + \sum_{j=1}^{\widetilde{p}} \sum_{i=1}^{N} I_{ij}\big(u^i(t_j)\big) v^i(t_j)$$

$$- \int_{[a,b)_{\mathbb{T}}} \big(\nabla F(\sigma(t), u^\sigma(t)), v^\sigma(t)\big) \, \Delta^\alpha t$$

对任意 $v \in H^\alpha_{\Delta;a,b}$ 成立.

证明　由定理 4.1 知, 泛函 $\overline{\psi}$ 在 $H^\alpha_{\Delta;a,b}$ 上连续可微且

$$\langle \overline{\psi}'(u), v \rangle = \int_{[a,b)_{\mathbb{T}}} \big(T_\alpha(u)(t), T_\alpha(v)(t)\big) \, \Delta^\alpha t$$

$$- \int_{[a,b)_{\mathbb{T}}} \left(\nabla F\big(\sigma(t), u^\sigma(t)\big), v^\sigma(t)\right) \, \Delta^\alpha t$$

对所有的 $v \in H^\alpha_{\Delta;a,b}$ 成立.

另一方面, 由脉冲函数 $I_{ij}(i \in \Lambda_1, j \in \Lambda_2)$ 的连续性, 有 $\overline{\phi} \in C^1(H^\alpha_{\Delta;a,b}, \mathbb{R})$ 且

$$\langle \overline{\phi}'(u), v \rangle = \sum_{j=1}^{\widetilde{p}} \sum_{i=1}^{N} I_{ij}\big(u^i(t_j)\big) v^i(t_j).$$

因此, $\overline{\varphi} \in C^1(H^\alpha_{\Delta;a,b}, \mathbb{R})$ 且

$$\langle \overline{\varphi}'(u), v \rangle = \int_{[a,b)_{\mathbb{T}}} \big(T_\alpha(u)(t), T_\alpha(v)(t) \big) \, \Delta^\alpha t + \sum_{j=1}^{\tilde{p}} \sum_{i=1}^{N} I_{ij}\big(u^i(t_j)\big)v^i(t_j)$$

$$- \int_{[a,b)_{\mathbb{T}}} \Big(\nabla F\big(\sigma(t), u^\sigma(t)\big), v^\sigma(t) \Big) \, \Delta^\alpha t$$

对所有的 $v \in H^\alpha_{\Delta;a,b}$ 成立. ∎

由定义 5.1 和定理 5.1 知, 泛函 $\overline{\varphi}$ 的临界点就是问题 (5.1.1) 的弱解.

现在, 我们用鞍点定理 (引理 3.1) 和文献 [41] 中的极大极小原理证明问题 (5.1.1) 解的存在性结果.

5.3 主要结果

如第 4 章所述, 任意 $u \in H^\alpha_{\Delta;a,b}$, 令

$$\overline{u} = \left(\int_{[a,b)_{\mathbb{T}}} 1\Delta^\alpha t \right)^{-1} \int_{[a,b)_{\mathbb{T}}} u(t) \, \Delta^\alpha t$$

且

$$\widetilde{u}(t) = u(t) - \overline{u},$$

$$\widetilde{H}^\alpha_{\Delta;a,b} = \left\{ u \in H^\alpha_{\Delta;a,b} : \int_{[a,b)_{\mathbb{T}}} u(t) \, \Delta^\alpha t = 0 \right\},$$

则有

$$H^\alpha_{\Delta;a,b} = \widetilde{H}^\alpha_{\Delta;a,b} \bigoplus \mathbb{R}^N.$$

定理 5.2 泛函 $\overline{\varphi}$ 在 $H^\alpha_{\Delta;a,b}$ 上弱下半连续.

证明 用定理 4.3 同样的证明方法可证明: 泛函 $\overline{\psi}$ 在空间 $H^\alpha_{\Delta;a,b}$ 上弱下半连续. 因此, 只需证明泛函 $\overline{\phi}$ 在空间 $H^\alpha_{\Delta;a,b}$ 上弱下半连续即可. 事

实上, 若 $\{u_k\}_{k\in\mathbb{N}} \subseteq H^\alpha_{\Delta;a,b}, u_k \rightharpoonup u$, 则由定理 2.20 知, $\{u_k\}_{k\in\mathbb{N}}$ 在区间 $[a,b]_{\mathbb{T}}$ 一致收敛到 u. 因此, 存在常数 $C_{26} > 0$ 使得

$$\|u_k\|_\infty \leqslant C_{26}, \quad \forall k \in \mathbb{N}.$$

因而有

$$\left|\overline{\phi}(u_k) - \overline{\phi}(u)\right| = \left|\sum_{j=1}^{\widetilde{p}} \sum_{i=1}^{N} \int_0^{u_k^i(t_j)} I_{ij}(t)\,\mathrm{d}t - \sum_{j=1}^{\widetilde{p}} \sum_{i=1}^{N} \int_0^{u^i(t_j)} I_{ij}(t)\,\mathrm{d}t\right|$$

$$\leqslant \sum_{j=1}^{\widetilde{p}} \sum_{i=1}^{N} \left|\int_{u^i(t_j)}^{u_k^i(t_j)} I_{ij}(t)\,\mathrm{d}t\right|$$

$$\leqslant \widetilde{p}NC_{27}\|u_k - u\|_\infty \to 0,$$

其中 $C_{27} = \max\limits_{\substack{i\in\Lambda_1, j\in\Lambda_2 \\ |t|\leqslant C_{26}}} |I_{ij}(t)|$. 故 $\overline{\phi}$ 在空间 $H^\alpha_{\Delta;a,b}$ 上弱连续, 因此是弱下半连续的. ■

定理 5.3　假设条件 (H_1) 和下列条件满足,

(H_5) 当 $|x| \to \infty$ 时, $|x|^{-2\varsigma} \displaystyle\int_{[a,b]_{\mathbb{T}}} F(\sigma(t), x)\,\Delta^\alpha t \to -\infty$;

(H_6) $I_{ij}(t)t \geqslant 0, \quad \forall t \in \mathbb{R}, i \in \Lambda_1, j \in \Lambda_2,$

则问题 (5.1.1) 至少有一个弱解, 其是泛函 $\overline{\varphi}$ 的最小值点.

证明　类似于定理 4.4 的证明, 在定理 5.3 的假设条件下, 有

$$\left|\int_{[a,b)_{\mathbb{T}}} \left(F(\sigma(t), u^\sigma(t)) - F(\sigma(t), \overline{u})\right)\Delta^\alpha t\right|$$

$$\leqslant \frac{1}{4}\int_{[a,b)_{\mathbb{T}}} |T_\alpha(u)(t)|^2\,\Delta^\alpha t + C_{14}|\overline{u}|^{2\varsigma}$$

$$+ C_{15}\left(\int_{[a,b)_{\mathbb{T}}} |T_\alpha(u)(t)|^2\,\Delta^\alpha t\right)^{\frac{\varsigma+1}{2}} + C_{16}\left(\int_{[a,b)_{\mathbb{T}}} |T_\alpha(u)(t)|^2\,\Delta^\alpha t\right)^{\frac{1}{2}}$$

对任意 $u \in H^\alpha_{\Delta;a,b}$ 成立. 由条件 (H_6) 知, $\overline{\phi}(u) \geqslant 0$ 对所有的 $u \in H^\alpha_{\Delta;a,b}$

成立. 因此, 我们有

$$
\begin{aligned}
\overline{\varphi}(u) &= \frac{1}{2}\int_{[a,b)_{\mathbb{T}}} |T_\alpha(u)(t)|^2\,\Delta^\alpha t - \int_{[a,b)_{\mathbb{T}}} F\big(\sigma(t), u^\sigma(t)\big)\,\Delta^\alpha t + \overline{\phi}(u) \\
&= \frac{1}{2}\int_{[a,b)_{\mathbb{T}}} |T_\alpha(u)(t)|^2\,\Delta^\alpha t - \int_{[a,b)_{\mathbb{T}}} F(\sigma(t), \overline{u})\,\Delta^\alpha t \\
&\quad - \int_{[a,b)_{\mathbb{T}}} \big(F(\sigma(t), u^\sigma(t)) - F(\sigma(t), \overline{u})\big)\,\Delta^\alpha t + \overline{\phi}(u) \\
&\geqslant \frac{1}{4}\int_{[a,b)_{\mathbb{T}}} |T_\alpha(u)(t)|^2\,\Delta^\alpha t - |\overline{u}|^{2\varsigma}\bigg(|\overline{u}|^{-2\varsigma}\int_{[a,b)_{\mathbb{T}}} F(\sigma(t), \overline{u})\,\Delta^\alpha t - C_{14}\bigg) \\
&\quad - C_{15}\bigg(\int_{[a,b)_{\mathbb{T}}} |T_\alpha(u)(t)|^2\,\Delta^\alpha t\bigg)^{\frac{\varsigma+1}{2}} \\
&\quad - C_{16}\bigg(\int_{[a,b)_{\mathbb{T}}} |T_\alpha(u)(t)|^2\,\Delta^\alpha t\bigg)^{\frac{1}{2}}
\end{aligned}
\tag{5.3.1}
$$

对所有的 $u \in H^\alpha_{\Delta;a,b}$ 成立.

而由定理 3.3 知 $\|u\| \to \infty$ 当且仅当

$$
\bigg(|\overline{u}|^2 + \int_{[a,b)_{\mathbb{T}}} |T_\alpha(u)(t)|^2\,\Delta^\alpha t\bigg)^{\frac{1}{2}} \to \infty.
$$

所以, 由 (5.3.1) 式和 (H_5) 可推出, 当 $\|u\| \to \infty$ 时, $\overline{\varphi}(u) \to +\infty$. 根据定理 5.2 和文献 [41] 中的定理 1.1 可知, 泛函 $\overline{\varphi}$ 在 $H^\alpha_{\Delta;a,b}$ 上至少有一个最小值点, 其是泛函 $\overline{\varphi}$ 的临界点. 因而, 由定义 5.1 知, 问题 (5.1.1) 至少有一个弱解. ∎

例 5.1 设 $\mathbb{T} = \bigcup\limits_{k=0}^{\infty} [4k, 4k+3], a = 4, b = 300\pi, N = 4, t_1 = 503$. 考虑时标 $\mathbb{T}$ 上的脉冲共形分数阶 Hamiltonian 系统

$$
\begin{cases}
T_\alpha(T_\alpha(u)) + \nabla F\big(\sigma(t), u(\sigma(t))\big) = 0, & \Delta\text{-a.e. } t \in [4, 300\pi]_{\mathbb{T}}^\kappa, \\
u(4) - u(300\pi) = T_\alpha(u)(4) - T_\alpha(u)(300\pi) = 0, & \\
T_\alpha(u^i)(503^+) - T_\alpha(u^i)(503^-) = 4\big(u^i(503)\big)^{\frac{1}{11}}, & i = 1,2,3,4,
\end{cases}
\tag{5.3.2}
$$

其中 $F(t,x) = (t - 966)|x|^{\frac{3}{2}} + \big((1,2,1,3),x\big).$

由于

$$F(t,x) = (t - 966)|x|^{\frac{3}{2}} + \big((1,2,1,3),x\big),$$

$$I_{ij}(t) = 4t^{\frac{1}{11}}, \quad \varsigma = \frac{1}{2},$$

经验证, 定理 5.3 的所有条件均满足. 根据定理 5.3, 问题 (5.3.2) 至少有一个弱解. 然而, 由定义 5.1 知, 0 显然不是问题 (5.3.2) 的弱解. 因此, 问题 (5.3.2) 至少有一个非平凡弱解. ∎

定理 5.4   假设条件 (H_1) 和如下条件成立,

(H_7) 存在 $a_{ij}, b_{ij} > 0$ 和 $\beta_{ij} \in (0,1)$ 使得

$$|I_{ij}(t)| \leqslant a_{ij} + b_{ij}|t|^{\varsigma\beta_{ij}}, \quad \forall t \in \mathbb{R}, i \in \Lambda, j \in \Lambda_2;$$

(H_8) 对任意的 $i \in \Lambda, j \in \Lambda_2, t \in \mathbb{R}, I_{ij}(t)t \leqslant 0;$

(H_9) 当 $|x| \to \infty$ 时, $|x|^{-2\varsigma} \displaystyle\int_{[a,b]_\mathbb{T}} F(\sigma(t),x)\,\Delta^\alpha t \to +\infty,$

则问题 (5.1.1) 至少有一个弱解.

在证明定理 5.4 之前, 首先证明下列引理.

引理 5.1   在定理 5.4 的假设条件下, 泛函 $\overline{\varphi}$ 满足 P.S. 条件.

证明   对泛函 $\overline{\varphi}$ 的任意 P.S. 序列 $\{u_n\} \subseteq H^\alpha_{\Delta;a,b}$, 即 $\{\overline{\varphi}(u_n)\}$ 有界, 并且当 $n \to \infty$ 时, $\overline{\varphi}'(u_n) \to 0$. 类似于引理 4.1 的证明, 由条件 ($H_1$), 有

$$\left| \int_{[a,b]_\mathbb{T}} \big(\nabla F(\sigma(t), u_n^\sigma(t), \widetilde{u}_n^\sigma(t))\,\Delta^\alpha t \right|$$

$$\leqslant \int_{[a,b]_\mathbb{T}} |\nabla F(\sigma(t), u_n^\sigma(t)| |\widetilde{u}_n^\sigma(t)|\,\Delta^\alpha t$$

$$\leqslant \int_{[a,b]_\mathbb{T}} f^\sigma(t)|\overline{u}_n + \widetilde{u}_n^\sigma(t)|^\varsigma |\widetilde{u}_n^\sigma(t)|\,\Delta^\alpha t + \int_{[a,b]_\mathbb{T}} g^\sigma(t)|\widetilde{u}_n^\sigma(t)|\,\Delta^\alpha t$$

$$\leqslant 2\big(|\overline{u}_n|^\varsigma + \|\widetilde{u}_n\|_\infty^\varsigma\big)\|\widetilde{u}_n\|_\infty \int_{[a,b]_\mathbb{T}} f^\sigma(t)\,\Delta^\alpha t + \|\widetilde{u}_n\|_\infty \int_{[a,b]_\mathbb{T}} g^\sigma(t)\,\Delta^\alpha t$$

$$\leqslant \frac{1}{4C_{13}}\|\widetilde{u}_n\|_\infty^2 + 4C_{13}|\overline{u}_n|^{2\varsigma}\left(\int_{[a,b)_{\mathbb{T}}} f^\sigma(t)\,\Delta^\alpha t\right)^2$$

$$+2\|\widetilde{u}_n\|_\infty^{\varsigma+1}\int_{[a,b)_{\mathbb{T}}} f^\sigma(t)\,\Delta^\alpha t + \|\widetilde{u}_n\|_\infty\int_{[a,b)_{\mathbb{T}}} g^\sigma(t)\,\Delta^\alpha t$$

$$\leqslant \frac{1}{4}\int_{[a,b)_{\mathbb{T}}} |T_\alpha(u_n)(t)|^2\,\Delta^\alpha t + C_{14}|\overline{u}_n|^{2\varsigma} + C_{15}\left(\int_{[a,b)_{\mathbb{T}}} |T_\alpha(u_n)(t)|^2\,\Delta^\alpha t\right)^{\frac{\varsigma+1}{2}}$$

$$+C_{16}\left(\int_{[0,T)_{\mathbb{T}}} |T_\alpha(u_n)(t)|^2\,\Delta^\alpha t\right)^{\frac{1}{2}} \tag{5.3.3}$$

对所有的自然数 n 成立. 令

$$\overline{a} = \max_{i\in\Lambda_1, j\in\Lambda_2} a_{ij}, \quad \overline{b} = \max_{i\in\Lambda_1, j\in\Lambda_2} b_{ij}.$$

由 (5.3.3) 式, 条件 (H$_8$) 和 Young 不等式得

$$\|\widetilde{u}_n\|$$

$$\geqslant \langle \overline{\varphi}'(u_n), \widetilde{u}_n\rangle$$

$$= \int_{[a,b)_{\mathbb{T}}} |T_\alpha(u_n)(t)|^2\,\Delta^\alpha t - \int_{[a,b)_{\mathbb{T}}} \left(\nabla F(\sigma(t), u_n^\sigma(t), \widetilde{u}_n^\sigma(t))\,\Delta^\alpha t\right.$$

$$+\sum_{j=1}^{\widetilde{p}}\sum_{i=1}^N I_{ij}\left(u_n^i(t)\right)\widetilde{u}_n^i(t)$$

$$\geqslant \frac{3}{4}\int_{[a,b)_{\mathbb{T}}} |T_\alpha(u_n)(t)|^2\,\Delta^\alpha t - C_{14}|\overline{u}_n|^{2\varsigma} - C_{15}\left(\int_{[a,b)_{\mathbb{T}}} |T_\alpha(u_n)(t)|^2\,\Delta^\alpha t\right)^{\frac{\varsigma+1}{2}}$$

$$-C_{16}\left(\int_{[a,b)_{\mathbb{T}}} |T_\alpha(u_n)(t)|^2\,\Delta^\alpha t\right)^{\frac{1}{2}}$$

$$-\sum_{j=1}^{\widetilde{p}}\sum_{i=1}^N \left(a_{ij} + b_{ij}|u_n^i(t)|^{\varsigma\beta_{ij}}\right)|\widetilde{u}_n^i(t)|$$

$$= \frac{3}{4}\int_{[a,b)_{\mathbb{T}}} |T_\alpha(u_n)(t)|^2\,\Delta^\alpha t - C_{14}|\overline{u}_n|^{2\varsigma} - C_{15}\left(\int_{[a,b)_{\mathbb{T}}} |T_\alpha(u_n)(t)|^2\,\Delta^\alpha t\right)^{\frac{\varsigma+1}{2}}$$

$$-C_6\left(\int_{[a,b)_{\mathbb{T}}} |T_\alpha(u_n)(t)|^2\,\Delta^\alpha t\right)^{\frac{1}{2}}$$

$$-\sum_{j=1}^{\widetilde{p}}\sum_{i=1}^{N}\left(a_{ij}+b_{ij}|\overline{u}_n^i+\widetilde{u}_n^i(t)|^{\varsigma\beta_{ij}}\right)|\widetilde{u}_n^i(t)|$$

$$\geqslant\frac{3}{4}\int_{[a,b)_{\mathbb{T}}}|T_\alpha(u_n)(t)|^2\,\Delta^\alpha t-C_{14}|\overline{u}_n|^{2\varsigma}-C_{15}\left(\int_{[a,b)_{\mathbb{T}}}|T_\alpha(u_n)(t)|^2\,\Delta^\alpha t\right)^{\frac{\varsigma+1}{2}}$$

$$-C_{16}\left(\int_\Delta|T_\alpha(u_n)(t)|^2\,\Delta^\alpha t\right)^{\frac{1}{2}}-\overline{a}\widetilde{p}N\|\widetilde{u}_n\|_\infty$$

$$-\overline{b}\sum_{j=1}^{p}\sum_{i=1}^{N}2\left(|\overline{u}_n|^{\varsigma\beta_{ij}}+\|\widetilde{u}_n\|_\infty^{\varsigma\beta_{ij}}\right)\|\widetilde{u}_n\|_\infty$$

$$\geqslant\frac{3}{4}\int_{[a,b)_{\mathbb{T}}}|T_\alpha(u_n)(t)|^2\,\Delta^\alpha t-C_{14}|\overline{u}_n|^{2\varsigma}$$

$$-C_{15}\left(\int_{[a,b)_{\mathbb{T}}}|T_\alpha(u_n)(t)|^2\,\Delta^\alpha t\right)^{\frac{\varsigma+1}{2}}-C_{16}\left(\int_{[a,b)_{\mathbb{T}}}|T_\alpha(u_n)(t)|^2\,\Delta^\alpha t\right)^{\frac{1}{2}}$$

$$-\overline{a}\widetilde{p}N\sqrt{C_{13}}\left(\int_{[a,b)_{\mathbb{T}}}|T_\alpha(u_n)(t)|^2\,\Delta^\alpha t\right)^{\frac{1}{2}}-\overline{b}\sum_{j=1}^{p}\sum_{i=1}^{N}\beta_{ij}|\overline{u}_n|^{2\varsigma}$$

$$-2\overline{b}\sum_{j=1}^{\widetilde{p}}\sum_{i=1}^{N}\frac{2-\beta_{ij}}{2}\|\widetilde{u}_n\|_\infty^{\frac{2}{2-\beta_{ij}}}-2\overline{b}\sum_{j=1}^{\widetilde{p}}\sum_{i=1}^{N}\|\widetilde{u}_n\|_\infty^{\varsigma\beta_{ij}+1}$$

$$\geqslant\frac{3}{4}\int_{[a,b)_{\mathbb{T}}}|T_\alpha(u_n)(t)|^2\,\Delta^\alpha t-C_{14}|\overline{u}_n|^{2\varsigma}-C_{15}\left(\int_{[a,b)_{\mathbb{T}}}|T_\alpha(u_n)(t)|^2\,\Delta^\alpha t\right)^{\frac{\varsigma+1}{2}}$$

$$-C_{16}\left(\int_{[a,b)_{\mathbb{T}}}|T_\alpha(u_n)(t)|^2\,\Delta^\alpha t\right)^{\frac{1}{2}}$$

$$-\overline{a}\widetilde{p}N\sqrt{C_{13}}\left(\int_{[a,b)_{\mathbb{T}}}|T_\alpha(u_n)(t)|^2\,\Delta^\alpha t\right)^{\frac{1}{2}}$$

$$-\overline{b}\sum_{j=1}^{\widetilde{p}}\sum_{i=1}^{N}\beta_{ij}|\overline{u}_n|^{2\varsigma}-\overline{b}\sum_{j=1}^{\widetilde{p}}\sum_{i=1}^{N}(2-\beta_{ij})$$

$$\times\left(\sqrt{C_{13}}\int_{[a,b)_{\mathbb{T}}}|T_\alpha(u_n)(t)|^2\,\Delta^\alpha t\right)^{\frac{1}{2-\beta_{ij}}}$$

$$-2\bar{b}\sum_{j=1}^{\tilde{p}}\sum_{i=1}^{N}\left(\sqrt{C_{13}}\int_{[a,b)_{\mathbb{T}}}|T_{\alpha}(u_n)(t)|^2\,\Delta^{\alpha}t\right)^{\frac{\varsigma\beta_{ij}+1}{2}} \tag{5.3.4}$$

对充分大的 n 成立. 类似于定理 4.4 的证明过程, 有

$$\left|\int_{[a,b)_{\mathbb{T}}}\left(F(\sigma(t),u_n^{\sigma}(t))-F(\sigma(t),\overline{u}_n)\right)\Delta^{\alpha}t\right|$$

$$\leqslant\frac{1}{4}\int_{[a,b)_{\mathbb{T}}}|T_{\alpha}(u_n)(t)|^2\,\Delta^{\alpha}t+C_{14}|\overline{u}_n|^{2\varsigma}$$

$$+C_{15}\left(\int_{[a,b)_{\mathbb{T}}}|T_{\alpha}(u_n)(t)|^2\,\Delta^{\alpha}t\right)^{\frac{\varsigma+1}{2}}$$

$$+C_{16}\left(\int_{[a,b)_{\mathbb{T}}}|T_{\alpha}(u_n)(t)|^2\,\Delta^{\alpha}t\right)^{\frac{1}{2}} \tag{5.3.5}$$

对所有的 $n\in\mathbb{N}$ 成立. 由 (5.3.5) 式以及 $\{\overline{\varphi}(u_n)\}$ 的有界性知, 对充分大的 n, 存在常数 C_{28} 和 C_{29} 使得

$$C_{28}\leqslant\overline{\varphi}(u_n)$$

$$=\frac{1}{2}\int_{[a,b)_{\mathbb{T}}}|T_{\alpha}(u_n)(t)|^2\,\mathrm{d}t-\int_{[a,b)_{\mathbb{T}}}F(\sigma(t),\overline{u}_n)\,\Delta^{\alpha}t$$

$$-\int_{[a,b)_{\mathbb{T}}}\left(F(\sigma(t),u_n^{\sigma}(t))-F(\sigma(t),\overline{u}_n)\right)\Delta^{\alpha}t+\overline{\phi}(u)$$

$$=\frac{1}{2}\int_{[a,b)_{\mathbb{T}}}|T_{\alpha}(u_n)(t)|^2\,\mathrm{d}t-\int_{[a,b)_{\mathbb{T}}}F(\sigma(t),\overline{u}_n)\,\Delta^{\alpha}t$$

$$-\int_{[a,b)_{\mathbb{T}}}\left(F(\sigma(t),u_n^{\sigma}(t))-F(\sigma(t),\overline{u}_n)\right)\Delta^{\alpha}t$$

$$\leqslant\frac{3}{4}\int_{[a,b)_{\mathbb{T}}}|T_{\alpha}(u_n)(t)|^2\,\Delta^{\alpha}t+C_{14}|\overline{u}_n|^{2\varsigma}-\int_{[a,b)_{\mathbb{T}}}F(\sigma(t),\overline{u}_n)\,\Delta^{\alpha}t$$

$$+C_{15}\left(\int_{[a,b)_{\mathbb{T}}}|T_{\alpha}(u_n)(t)|^2\,\Delta^{\alpha}t\right)^{\frac{\varsigma+1}{2}}+C_{16}\left(\int_{[a,b)_{\mathbb{T}}}|T_{\alpha}(u_n)(t)|^2\,\Delta^{\alpha}t\right)^{\frac{1}{2}}$$

$$\leqslant-|\overline{u}_n|^{2\varsigma}\left(|\overline{u}_n|^{-2\varsigma}\int_{[a,b)_{\mathbb{T}}}F(\sigma(t),\overline{u}_n)\,\Delta^{\alpha}t+C_{29}\right). \tag{5.3.6}$$

(5.3.6) 式和条件 (H$_9$) 说明 $\{|\overline{u}_n|\}$ 有界. 因此, 由 (5.3.4) 式可知 $\{u_n\}$ 在

空间 $H^\alpha_{\Delta;a,b}$ 中有界. 而空间 $H^\alpha_{\Delta;a,b}$ 是自反的和一致凸的, 从而存在序列 $\{u_n\}$ 的子列, 不妨仍记为 $\{u_n\}$ 使得在空间 $H^\alpha_{\Delta;a,b}$ 中

$$u_n \rightharpoonup u. \tag{5.3.7}$$

再根据定理 2.20, 可知在空间 $C([a,b]_\mathbb{T}, \mathbb{R}^N)$ 中

$$u_n \to u. \tag{5.3.8}$$

另一方面, 我们有

$$\begin{aligned}
&\left\langle \overline{\varphi}'(u_n) - \overline{\varphi}'(u), u_n - u \right\rangle \\
=& \int_{[a,b)_\mathbb{T}} \left| T_\alpha(u_n)(t) - T_\alpha(u)(t) \right|^2 \Delta^\alpha t \\
&- \int_{[a,b)_\mathbb{T}} \left(\nabla F(\sigma(t), u_n^\sigma(t)) - \nabla F(\sigma(t), u^\sigma(t)), u_n^\sigma(t) - u^\sigma(t) \right) \Delta^\alpha t \\
&+ \sum_{j=1}^{\widetilde{p}} \sum_{i=1}^{N} \left(I_{ij}(u_n^i(t_j)) - I_{ij}(u^i(t_j)) \right) \left(u_n^i(t_j) - u^i(t_j) \right).
\end{aligned} \tag{5.3.9}$$

联合 (5.3.7)—(5.3.9) 式和脉冲函数 I_{ij} 的连续性知, 在空间 $H^\alpha_{\Delta;a,b}$ 中 $u_n \to u$. 至此, φ 满足 P.S. 条件得证. ■

至此, 我们已经做好应用鞍点定理证明定理 5.4 的前期准备. 下面, 我们证明定理 5.4

定理 5.4 证明　我们分两步证明该定理.

第一步: 证明当 $u \in \widetilde{H}^\alpha_{\Delta;a,b}$, $\|u\| \to \infty$ 时,

$$\varphi(u) \to +\infty. \tag{5.3.10}$$

事实上, 当 $u \in \widetilde{H}^\alpha_{\Delta;a,b}$ 时, $\overline{u} = 0$, 类似于定理 4.4 的证明, 有

$$\left| \int_{[a,b)_\mathbb{T}} \left(F(\sigma(t), u^\sigma(t)) - F(\sigma(t), 0) \right) \Delta^\alpha t \right|$$

$$\leqslant \frac{1}{4} \int_{[a,b)_{\mathbb{T}}} |T_\alpha(u)(t)|^2 \, \Delta^\alpha t + C_{15} \left(\int_{[a,b)_{\mathbb{T}}} |T_\alpha(u)(t)|^2 \, \Delta^\alpha t \right)^{\frac{\varsigma+1}{2}}$$

$$+ C_{16} \left(\int_{[a,b)_{\mathbb{T}}} |T_\alpha(u)(t)|^2 \, \Delta^\alpha t \right)^{\frac{1}{2}}. \tag{5.3.11}$$

通过条件 (H_7) 和定理 2.19 可推得

$$|\phi(u)| = \left| \sum_{j=1}^{\widetilde{p}} \sum_{i=1}^{N} \int_0^{u^i(t_j)} I_{ij}(t) \, \mathrm{d}t \right|$$

$$\leqslant \sum_{j=1}^{\widetilde{p}} \sum_{i=1}^{N} \int_0^{u^i(t_j)} \left(a_{ij} + b_{ij} |t|^{\varsigma \beta_{ij}} \right) \mathrm{d}t$$

$$\leqslant \overline{a} \widetilde{p} N \|u\|_\infty + \overline{b} \sum_{j=1}^{\widetilde{p}} \sum_{i=1}^{N} \|u\|_\infty^{\varsigma \beta_{ij}+1}$$

$$\leqslant \overline{a} \widetilde{p} N \sqrt{C_{13}} \left(\int_{[a,b)_{\mathbb{T}}} |T_\alpha(u)(t)|^2 \, \Delta^\alpha t \right)^{\frac{1}{2}}$$

$$+ \overline{b} \sum_{j=1}^{\widetilde{p}} \sum_{i=1}^{N} \left(C_{13} \int_{[a,b)_{\mathbb{T}}} |T_\alpha(u)(t)|^2 \, \Delta^\alpha t \right)^{\frac{\varsigma \beta_{ij}+1}{2}} \tag{5.3.12}$$

对所有的 $u \in \widetilde{H}^\alpha_{\Delta;a,b}$ 成立. 结合 (5.3.11) 式和 (5.3.12) 式得

$$\overline{\varphi}(u) = \frac{1}{2} \int_{[a,b)_{\mathbb{T}}} |T_\alpha(u)(t)|^2 \, \Delta^\alpha t$$

$$- \int_{[a,b)_{\mathbb{T}}} \left(F(\sigma(t), u^\sigma(t)) - F(\sigma(t), 0) \right) \Delta^\alpha t$$

$$- \int_{[a,b)_{\mathbb{T}}} F(\sigma(t), 0) \, \Delta^\alpha t + \overline{\phi}(u)$$

$$\geqslant \frac{1}{4} \int_{[a,b)_{\mathbb{T}}} |T_\alpha(u)(t)|^2 \, \Delta^\alpha t - C_{15} \left(\int_{[a,b)_{\mathbb{T}}} |T_\alpha(u)(t)|^2 \, \Delta^\alpha t \right)^{\frac{\varsigma+1}{2}}$$

$$- C_{16} \left(\int_{[a,b)_{\mathbb{T}}} |T_\alpha(u)(t)|^2 \, \Delta^\alpha t \right)^{\frac{1}{2}}$$

$$- \overline{a} \widetilde{p} N \sqrt{C_{13}} \left(\int_{[a,b)_{\mathbb{T}}} |T_\alpha(u)(t)|^2 \, \Delta^\alpha t \right)^{\frac{1}{2}}$$

$$-\bar{b}\sum_{j=1}^{\widetilde{p}}\sum_{i=1}^{N}\left(C_{13}\int_{[a,b)_{\mathbb{T}}}|T_{\alpha}(u)(t)|^{2}\,\Delta^{\alpha}t\right)^{\frac{\varsigma\beta_{ij}+1}{2}}$$

$$-\int_{[a,b)_{\mathbb{T}}}F(\sigma(t),0)\,\Delta^{\alpha}t \tag{5.3.13}$$

对所有的 $u \in \widetilde{H}_{\Delta;a,b}^{\alpha}$ 成立. 再根据定理 3.3 可知, 在 $\widetilde{H}_{\Delta;a,b}^{\alpha}$ 中

$$\|u\| \to \infty \Leftrightarrow \int_{[a,b)_{\mathbb{T}}}|T_{\alpha}(u)(t)|^{2}\,\Delta^{\alpha}t \to \infty.$$

因此, 由 (5.3.13) 式知 (5.3.10) 式成立.

第二步: 证明当 $u \in \mathbb{R}^{N}, |u| \to \infty$ 时, $\overline{\varphi} \to -\infty$.

事实上, 在条件 (H_8) 下, 有

$$\phi(u) \leqslant 0 \tag{5.3.14}$$

对所有的 $u \in H_{\Delta;a,b}^{\alpha}$ 成立. 所以 (5.3.14) 式和条件 (H_9) 蕴含: 当 $u \in \mathbb{R}^{N}, |u| \to \infty$ 时

$$\varphi(u) = -\int_{[a,b)_{\mathbb{T}}}F(\sigma(t),u)\,\Delta^{\alpha}t + \widetilde{\phi}(u)$$

$$\leqslant -|u|^{2\varsigma}\left(|u|^{-2\varsigma}\int_{[a,b)_{\mathbb{T}}}F(\sigma(t),u)\,\Delta^{\alpha}t\right) \to -\infty.$$

由上述两步的证明结果和引理 5.1 知, 引理 3.1 的所有条件均满足. 所以由引理 3.1 知, 问题 (5.1.1) 至少有一个弱解.   ∎

例 5.2   设 $\mathbb{T} = \mathbb{Z}, \alpha = 1, a = 1, b = 1000, N = 3, t_1 = 600$. 考虑如下共形分数阶脉冲离散 Hamiltonian 系统

$$\begin{cases} \Delta^{2}u(t) + \nabla F(t+1, u(t+1)) = 0, & \Delta\text{-a.e. } t \in [1,999] \cap \mathbb{Z}, \\ u(1) - u(1000) = \Delta u(1) - \Delta u(1000) = 0, \\ \Delta u^{i}(600^{+}) - \Delta u^{i}(600^{-}) = -(u^{i}(600))^{\frac{1}{17}}, & i = 1,2,3, \end{cases} \tag{5.3.15}$$

其中 $F(t,x) = t|x|^{\frac{4}{3}} + ((1,1,1),x), I_{i1}(t) = -t^{\frac{1}{17}}$.

因为

$$F(t,x) = t|x|^{\frac{4}{3}} + ((1,1,1),x),$$

$$I_{i1}(t) = -t^{\frac{1}{17}}, \quad \alpha = \frac{1}{3}, \quad \beta_{i1} = \frac{1}{3},$$

经验证, 定理 5.4 的条件均满足. 从而, 由定理 5.4 推知, 问题 (5.3.15) 至少有一个弱解. 经计算, 由定义 5.1 知, 0 不是问题 (5.3.15) 的弱解. 故问题 (5.3.15) 至少有一个非平凡弱解. ∎

定理 5.5 若条件 (H_6) 和条件

(H_{10}) $F(t,\cdot)$ 对 Δ-几乎处处的 $t \in [a,b]_{\mathbb{T}}$ 是凹的, 且当 $|x| \to \infty$ 时,

$$\int_{[a,b)_{\mathbb{T}}} F(\sigma(t),x)\,\Delta^{\alpha}t \to -\infty$$

成立, 则问题 (5.1.1) 至少有一个弱解, 其是 $\overline{\varphi}$ 的最小值点.

证明 由 (H_6) 易知

$$\phi(u) \geqslant 0 \tag{5.3.16}$$

对所有的 $u \in H_{\Delta;a,b}^{\alpha}$ 成立. 另一方面, 由条件 (A) 知, 存在 $\overline{x} \in H_{\Delta;a,b}^{\alpha}$ 使得函数 $G: \mathbb{R}^N \to \mathbb{R}$

$$G(x) = \int_{[a,b)_{\mathbb{T}}} F(\sigma(t),x)\,\Delta^{\alpha}t$$

在 $\overline{x}$ 处取得最大值, 且有

$$\int_{[a,b)_{\mathbb{T}}} \nabla F(\sigma(t),\overline{x})\,\Delta^{\alpha}t = 0. \tag{5.3.17}$$

若 $\{u_k\}$ 为泛函 $\overline{\varphi}$ 的极小化序列, 则由文献 [41] 中的命题 1.4 以及 (5.3.16) 式和 (5.3.17) 式得到

$$\overline{\varphi}(u_k) = \frac{1}{2}\int_{[a,b)_{\mathbb{T}}} |T_{\alpha}(u_k)(t)|^2\,\Delta^{\alpha}t$$

$$- \int_{[a,b)_{\mathbb{T}}} \left(F(\sigma(t), u_k^\sigma(t)) - F(\sigma(t), \overline{x}) \right) \Delta^\alpha t$$

$$- \int_{[a,b)_{\mathbb{T}}} F(\sigma(t), \overline{x}) \, \Delta^\alpha t + \overline{\phi}(u)$$

$$\geqslant \frac{1}{2} \int_{[a,b)_{\mathbb{T}}} |T_\alpha(u_k)(t)|^2 \, \Delta^\alpha t - \int_{[a,b)_{\mathbb{T}}} F(\sigma(t), \overline{x}) \, \Delta^\alpha t$$

$$- \int_{[a,b)_{\mathbb{T}}} \left(\nabla F(\sigma(t), \overline{x}), u_k^\sigma(t) - \overline{x} \right) \Delta^\alpha t$$

$$= \frac{1}{2} \int_{[a,b)_{\mathbb{T}}} |T_\alpha(u_k)(t)|^2 \, \Delta^\alpha t - \int_{[a,b)_{\mathbb{T}}} F(t, \overline{x}) \, \Delta^\alpha t$$

$$- \int_{[a,b)_{\mathbb{T}}} \left(\nabla F(\sigma(t), \overline{x}), \widetilde{u}_k^\sigma(t) \right) \Delta^\alpha t, \tag{5.3.18}$$

其中,

$$\widetilde{u}_k^\sigma(t) = u_k^\sigma(t) - \overline{u}_k,$$

$$\overline{u}_k = \left(\int_{[a,b)_{\mathbb{T}}} 1 \Delta^\alpha t \right)^{-1} \int_{[a,b)_{\mathbb{T}}} u_k(t) \, \Delta^\alpha t.$$

(5.3.18) 式、条件 (A) 和定理 2.19 说明: 存在正常数 C_{30}, C_{31} 使得

$$\overline{\varphi}(u_k) \geqslant \frac{1}{2} \int_{[a,b)_{\mathbb{T}}} |T_\alpha(u)_k(t)|^2 \, \Delta^\alpha t - \int_{[a,b)_{\mathbb{T}}} F(\sigma(t), \overline{x}) \, \Delta^\alpha t$$

$$- \left(\int_{[a,b)_{\mathbb{T}}} |\nabla F(\sigma(t), \overline{x})| \, \Delta^\alpha t \right) \|\widetilde{u}_k\|_\infty$$

$$\geqslant \frac{1}{2} \int_{[a,b)_{\mathbb{T}}} |T_\alpha(u_k)(t)|^2 \, \Delta^\alpha t - C_{30}$$

$$- C_{31} \left(\int_{[a,b)_{\mathbb{T}}} |T_\alpha(u_k)(t)|^2 \, \Delta^\alpha t \right)^{\frac{1}{2}}. \tag{5.3.19}$$

至此, 由 (5.3.19) 式知, 存在常数 $C_{32} > 0$ 使得

$$\int_{[a,b)_{\mathbb{T}}} |T_\alpha(u_k)(t)|^2 \, \Delta^\alpha t \leqslant C_{32}. \tag{5.3.20}$$

定理 2.19 和 (5.3.20) 式表明: 存在常数 $C_{33} > 0$ 使得

$$\|\widetilde{u}_k\|_\infty \leqslant C_{33}. \tag{5.3.21}$$

利用条件 (H_{10}), 有

$$
F\left(\sigma(t), \frac{\overline{u}_k}{2}\right) = F\left(\sigma(t), \frac{u_k^\sigma(t) - \widetilde{u}_k^\sigma(t)}{2}\right)
$$

$$
\geqslant \frac{1}{2} F(\sigma(t), u_k^\sigma(t)) + \frac{1}{2} F(\sigma(t), -\widetilde{u}_k^\sigma(t)) \qquad (5.3.22)
$$

对 Δ-几乎处处的 $t \in [a, b]_{\mathbb{T}}$ 和所有的自然数 k 成立. 所以, 由 (5.3.16) 式和 (5.3.22) 式得

$$
\overline{\varphi}(u_k) \geqslant \frac{1}{2} \int_{[a,b)_{\mathbb{T}}} |T_\alpha(u_k)(t)|^2 \, \Delta^\alpha t - 2 \int_{[a,b)_{\mathbb{T}}} F\left(\sigma(t), \frac{\overline{u}_k}{2}\right) \Delta^\alpha t
$$

$$
+ \int_{[a,b)_{\mathbb{T}}} F\left(\sigma(t), -\widetilde{u}_k^\sigma(t)\right) \Delta^\alpha t. \qquad (5.3.23)
$$

联合 (5.3.21) 式和 (5.3.23) 式, 存在常数 $C_{34} > 0$ 使得

$$
\overline{\varphi}(u_k) \geqslant -2 \int_{[a,b)_{\mathbb{T}}} F\left(\sigma(t), \frac{\overline{u}_k}{2}\right) \Delta^\alpha t - C_{34}. \qquad (5.3.24)
$$

(5.3.24) 式和 (H_{10}) 说明 $\{\overline{u}_k\}$ 有界. 所以, 由定理 2.19 和 (5.3.20) 式知, $\{u_k\}$ 在空间 $H_{\Delta;a,b}^\alpha$ 中有界. 应用定理 4.2 和文献 [41] 中的定理 1.1, 泛函 $\overline{\varphi}$ 在 $H_{\Delta;a,b}^\alpha$ 上有最小值点, 其是 $\overline{\varphi}$ 的临界点. 故问题 (5.1.1) 至少有一个弱解, 其是 $\overline{\varphi}$ 的最小值点. ■

5.4　小　　结

本章中, 我们给出了时标上的脉冲共形分数阶 Hamiltonian 系统 (5.1.1) 弱解的定义 (定义 5.1), 在空间 $H_{\Delta;a,b}^\alpha$ 上构造了时标上的脉冲共形分数阶 Hamiltonian 系统 (5.1.1) 的变分泛函, 克服了脉冲带来的困难, 应用临界点定理获得了其弱解的存在性的三个结果, 并举例说明所给条件的相容性. 这一研究方法实现了应用变分方法中的临界点理论研究时标上的脉冲共形分数阶 Hamiltonian 系统的新突破, 统一和推广了

连续的脉冲整数阶 Hamiltonian 系统 ($\mathbb{T} = \mathbb{R}, \alpha = 1$) 和离散的脉冲整数阶 Hamiltonian 系统 ($\mathbb{T} = \mathbb{Z}, \alpha = 1$) 以及连续的脉冲共形分数阶 Hamiltonian 系统 ($\mathbb{T} = \mathbb{R}, \alpha \in (0,1)$) 和离散的脉冲共形分数阶 Hamiltonian 系统 ($\mathbb{T} = \mathbb{Z}, \alpha \in (0,1)$) 的研究. 这一研究方法适用于研究诸多时标上的脉冲共形分数阶微分方程边值问题解的存在性. 关于问题 (5.1.1) 的多解性有待于我们进一步去探索.

第6章 一类时标上具受迫项的共形分数阶 Hamiltonian 系统解的存在性和多解性

6.1 引　　言

上一章, 我们考虑了空间 $H_{\Delta;a,b}^{\alpha}$ 在时标上的脉冲共形分数阶 Hamiltonian 系统中的应用, 建立了一套应用变分方法研究脉冲共形分数阶边值问题的新方法. 在本章中, 作为 Sobolev 空间 $H_{\Delta;a,b}^{\alpha}$ 在时标上的共形分数阶边值问题中的另外一个应用, 我们把空间 $H_{\Delta;a,b}^{\alpha}$ 作为构造变分泛函的工作空间, 应用临界点理论研究时标 $\mathbb{T}$ 上的具受迫项的共形分数阶 Hamiltonian 系统

$$\begin{cases} T_{\alpha}\big(T_{\alpha}(u)\big)(t) + A\big(\sigma(t)\big)u^{\sigma}(t) \\ \quad + \nabla F\big(\sigma(t), u^{\sigma}(t)\big) = 0, \quad \Delta\text{-a.e. } t \in [a,b]_{\mathbb{T}}^{\kappa}, \\ u(a) - u(b) = 0, T_{\alpha}(u)(a) - T_{\alpha}(u)(b) = 0 \end{cases} \tag{6.1.1}$$

解的存在性和多解性, 其中 $T_{\alpha}(u)(t)$ 表示 u 在点 t 处的 α 阶共形分数阶导数, $a, b \in \mathbb{T}, 0 < a < b$, $A(t) = [d_{ij}(t)]$ 是定义在 $[a,b]_{\mathbb{T}}$ 上的 N 阶对称矩阵值函数, 并且对所有的 $i, j = 1, 2, \cdots, N$, $d_{ij} \in L_{\alpha,\Delta}^{\infty}([a,b]_{\mathbb{T}}, \mathbb{R})$, $F : [a,b]_{\mathbb{T}} \times \mathbb{R}^{N} \to \mathbb{R}$ 满足第 3 章中的条件 (A).

当 $\mathbb{T} = \mathbb{R}, \alpha = 1$ 时, 问题 (6.1.1) 简化为经典的具受迫项的二阶 Hamiltonian 系统

$$\begin{cases} \ddot{u}(t) + A(t)u(t) + \nabla F(t, u(t)) = 0, & \text{a.e. } t \in [a, b], \\ u(a) - u(b) = 0, \dot{u}(a) - \dot{u}(b) = 0. \end{cases} \quad (6.1.2)$$

当 $\alpha = 1$ 时, 问题 (6.1.1) 简化为时标上的具受迫项的二阶 Hamiltonian 系统

$$\begin{cases} u^{\Delta^2}(t + A(\sigma(t))u^\sigma(t) + \nabla F(\sigma(t), u^\sigma(t)) = 0, & \Delta\text{-a.e. } t \in [a, b]_{\mathbb{T}}^\kappa, \\ u(a) - u(b) = 0, u^\Delta(a) - u^\Delta(b) = 0. \end{cases} \quad (6.1.3)$$

而当 $\mathbb{T} = \mathbb{Z}, \alpha = 1, b - a \geqslant 3$ 时, 问题 (6.1.1) 简化为二阶离散 Hamiltonian 系统

$$\begin{cases} \Delta^2 u(t) + A(t+1)u(t+1) \\ + \nabla F(t+1, u(t+1)) = 0, & t \in [a, b-1] \cap \mathbb{Z}, \\ u(a) - u(b) = 0, \Delta u(a) - \Delta u(b) = 0. \end{cases}$$

对于问题 (6.1.2), 许多研究者对其做了大量的研究, 可参见文献 [67]— [69]. 特别地, 文献 [41] 应用临界点定理研究了问题 (6.1.2) 解的存在性和多解性, 得到一系列解的存在性和多解性结果. 对于问题 (6.1.3), 作者在文献 [70] 中应用临界点定理研究了其解的存在性和多解性. 但是, 据我所知, 对于问题 (6.1.1), 当 $\alpha \neq 1$ 时, 由于时标上的分数阶导数带来的困难, 没有合适的工作空间构造时标上的具受迫项的共形分数阶 Hamiltonian 系统的变分泛函, 在我们之前还没有人应用变分方法研究其解的存在性和多重性. 有了第 2 章建立的时标上的共形分数阶 Sobolev 空间 $H_{\Delta;a,b}^\alpha$ 作为工作空间, 应用临界点定理研究问题 (6.1.1) 解的存在性和多解性将成为可能.

6.2　准　备　工　作

在本节中, 我们在工作空间 $H^\alpha_{\Delta;a,b}$ 上构造 (6.1.1) 所对应的泛函, 并证明所构造的泛函的临界点就是问题 (6.1.1) 的解, 从而将研究问题 (6.1.1) 解的存在性和多重性转化为研究所对应的泛函的临界点的存在性和多解性.

定义泛函 $\widetilde{\varphi} : H^\alpha_{\Delta;a,b} \to \mathbb{R}$ 如下:

$$
\begin{aligned}
\widetilde{\varphi}(u) = {} & \frac{1}{2} \int_{[a,b)_{\mathbb{T}}} |T_\alpha u(t)|^2 \, \Delta^\alpha t - \frac{1}{2} \int_{[a,b)_{\mathbb{T}}} \Big(A\big(\sigma(t)\big) u^\sigma(t), u^\sigma(t) \Big) \Delta^\alpha t \\
& - \int_{[a,b)_{\mathbb{T}}} F\big(\sigma(t), u^\sigma(t)\big) \, \Delta^\alpha t \\
= {} & \frac{1}{2} \int_{[a,b)_{\mathbb{T}}} |T_\alpha(u)(t)|^2 \, \Delta^\alpha t - \frac{1}{2} \int_{[a,b)_{\mathbb{T}}} \Big(A\big(\sigma(t)\big) u^\sigma(t), u^\sigma(t) \Big) \Delta^\alpha t \\
& + J(u),
\end{aligned}
\tag{6.2.1}
$$

这里 $J(u) = - \displaystyle\int_{[a,b)_{\mathbb{T}}} F\big(\sigma(t), u^\sigma(t)\big) \, \Delta^\alpha t$, 则有如下定理成立.

定理 6.1　泛函 $\widetilde{\varphi}$ 在 $H^\alpha_{\Delta;a,b}$ 上是连续可微的, 且有

$$
\begin{aligned}
\langle \widetilde{\varphi}'(u), v \rangle = {} & \int_{[a,b)_{\mathbb{T}}} \big(T_\alpha(u)(t), T_\alpha(v)(t) \big) \, \Delta^\alpha t \\
& - \int_{[a,b)_{\mathbb{T}}} \Big(A\big(\sigma(t)\big) u^\sigma(t) + \nabla F\big(\sigma(t), u^\sigma(t)\big), v^\sigma(t) \Big) \Delta^\alpha t
\end{aligned}
$$

对任意 $v \in H^\alpha_{\Delta;a,b}$ 成立.

证明　令

$$
L(t, x, y) = \frac{1}{2}|y|^2 - \frac{1}{2}\big(A(t)x, x\big) - F(t, x), \quad x, y \in \mathbb{R}^N, t \in [a,b]_{\mathbb{T}}.
$$

由条件 (A) 知, 函数 $L(t, x, y)$ 满足定理 2.21 的所有条件. 因而, 对函数

$L(t, x, y)$ 应用定理 2.21 知, 泛函 $\widetilde{\varphi}$ 在 $H^\alpha_{\Delta;a,b}$ 上连续可微, 且有

$$\langle \widetilde{\varphi}'(u), v \rangle = \int_{[a,b)_{\mathbb{T}}} \big(T_\alpha(u)(t), T_\alpha(v)(t) \big) \, \Delta^\alpha t$$
$$- \int_{[a,b)_{\mathbb{T}}} \Big(A\big(\sigma(t)\big) u^\sigma(t) + \nabla F\big(\sigma(t), u^\sigma(t)\big), v^\sigma(t) \Big) \Delta^\alpha t$$

对任意 $v \in H^\alpha_{\Delta;a,b}$ 成立. ∎

定理 6.2 若 $u \in H^\alpha_{\Delta;a,b}$ 是泛函 $\widetilde{\varphi}$ 在 $H^\alpha_{\Delta;a,b}$ 上的临界点, 即, $\widetilde{\varphi}'(u) = 0$, 则 u 是问题 (6.1.1) 的解.

证明　因为 $\widetilde{\varphi}'(u) = 0$, 由定理 6.1 可知, 对任意 $v \in H^\alpha_{\Delta;a,b}$, 有

$$\langle \widetilde{\varphi}'(u), v \rangle = \int_{[a,b)_{\mathbb{T}}} \big(T_\alpha(u)(t), T_\alpha(v)(t) \big) \, \Delta^\alpha t$$
$$- \int_{[a,b)_{\mathbb{T}}} \Big(A\big(\sigma(t)\big) u^\sigma(t) + \nabla F\big(\sigma(t), u^\sigma(t)\big), v^\sigma(t) \Big) \Delta^\alpha t$$
$$= 0,$$

即

$$\int_{[a,b)_{\mathbb{T}}} \big(T_\alpha(u)(t), T_\alpha(v)(t) \big) \, \Delta^\alpha t$$
$$= - \int_{[a,b)_{\mathbb{T}}} \Big(-A\big(\sigma(t)\big) u^\sigma(t) - \nabla F\big(\sigma(t), u^\sigma(t)\big), v^\sigma(t) \Big) \Delta^\alpha t.$$

利用条件 (A) 和定义 2.21 可知, $T_\alpha(u) \in H^\alpha_{\Delta;a,b}$. 结合定理 2.16 和 (2.4.5) 式知, 存在唯一的 $x \in V^{\alpha,2}_{\Delta;a,b}([a,b]_{\mathbb{T}}, \mathbb{R}^N)$ 使得

$$\begin{cases} x(t) = u(t), \\ T_\alpha(T_\alpha(x))(t) = -A\big(\sigma(t)\big) u^\sigma(t) - \nabla F\big(\sigma(t), u^\sigma(t)\big), & \Delta\text{-a.e. } t \in [a,b]^\kappa_{\mathbb{T}} \end{cases} \tag{6.2.2}$$

和

$$\int_{[a,b)_{\mathbb{T}}} \Big(A\big(\sigma(t)\big) u^\sigma(t) + \nabla F\big(\sigma(t), u^\sigma(t)\big) \Big) \Delta^\alpha t = 0 \tag{6.2.3}$$

成立. 由 (6.2.2) 式和 (6.2.3) 式得

$$x(a) - x(b) = 0, \quad T_\alpha(x)(a) - T_\alpha(x)(b) = 0.$$

在将 $u \in H^\alpha_{\Delta;a,b}$ 和其在 $V^{\alpha,2}_{\Delta;a,b}([a,b]_\mathbb{T}, \mathbb{R}^N)$ 中关于 (6.2.2) 式的绝对连续表示 x 等同看待的意义下, u 是问题 (6.1.1) 的解. ∎

定理 6.3 J' 为 $H^\alpha_{\Delta;a,b}$ 上的紧算子.

证明 设 $\{u_n\}$ 是 $H^\alpha_{\Delta;a,b}$ 中的有界序列, 即存在 $C_{35} > 0$ 使得对所有的 n, 有 $\|u_n\| \leqslant C_{35}$. 根据定理 2.19 得, 对所有的 n, $\|u_n\|_\infty \leqslant KC_{35}$. 由于空间 $H^\alpha_{\Delta;a,b}$ 的自反性和一致凸性, 可不妨假设在 $H^\alpha_{\Delta;a,b}$ 中, 当 $n \to \infty$ 时, $u_n \rightharpoonup u$. 鉴于此, 由定理 2.20 知, 当 $n \to \infty$ 时, $\|u_n - u\|_\infty \to 0$. 令

$$M_1 = \max\{KC_{35}, \|u\|_\infty\}, \quad a_{M_1} = \max_{|x| \leqslant M_1} a(x).$$

应用条件 (A), 对 Δ-几乎处处的 $t \in [a,b]_\mathbb{T}$, 有

$$\left|\nabla F\big(\sigma(t), u_n^\sigma(t)\big) - \nabla F\big(\sigma(t), u^\sigma(t)\big)\right| \leqslant 2a_{M_1}b^\sigma(t).$$

由注 2.1 得

$$\lim_{n\to\infty} \int_{[a,b)_\mathbb{T}} \left|\nabla F\big(\sigma(t), u_n^\sigma(t)\big) - \nabla F\big(\sigma(t), u^\sigma(t)\big)\right| \Delta^\alpha t = 0.$$

故

$$\|J'(u_n) - J'(u)\|_{(H^\alpha_{\Delta;a,b})^*}$$
$$= \sup_{v\in H^\alpha_{\Delta;a,b}, \|v\|\leqslant 1} \left| \int_{[a,b)_\mathbb{T}} \left(\nabla F\big(\sigma(t), u_n^\sigma(t)\big) - \nabla F\big(\sigma(t), u^\sigma(t)\big), v^\sigma(t)\right) \Delta^\alpha t\right|$$
$$\leqslant \|v\|_\infty \int_{[a,b)_\mathbb{T}} \left|\nabla F\big(\sigma(t), u_n^\sigma(t)\big) - \nabla F\big(\sigma(t), u^\sigma(t)\big)\right| \Delta^\alpha t$$
$$\leqslant K \int_{[a,b)_\mathbb{T}} \left|\nabla F\big(\sigma(t), u_n^\sigma(t)\big) - \nabla F\big(\sigma(t), u^\sigma(t)\big)\right| \Delta^\alpha t$$
$$\to 0, \quad n \to \infty.$$

所以 $\lim\limits_{n\to\infty} J'(u_n) = J'(u)$. 因此, J' 为 $H_{\Delta;a,b}^{\alpha}$ 上的紧算子. ■

为了克服应用临界点定理证明问题 (6.1.1) 解的存在性和多解性时对泛函 $\widetilde{\varphi}$ 作估计受迫项 $A(\sigma(t))u^{\sigma}(t)$ 所带来的困难, 我们做如下准备工作.

定义泛函 $q : H_{\Delta;a,b}^{\alpha} \to \mathbb{R}$ 如下:

$$q(u) = \frac{1}{2} \int_{[a,b)_{\mathbb{T}}} \left[|T_{\alpha}(u)(t)|^2 - \Big(A(\sigma(t))u^{\sigma}(t), u^{\sigma}(t) \Big) \right] \Delta^{\alpha} t,$$

则有

$$
\begin{aligned}
q(u) &= \frac{1}{2}\|u\|^2 - \frac{1}{2} \int_{[a,b)_{\mathbb{T}}} |u^{\sigma}(t)|^2 \, \Delta^{\alpha} t - \frac{1}{2} \int_{[a,b)_{\mathbb{T}}} \Big(A(\sigma(t))u^{\sigma}(t), u^{\sigma}(t) \Big) \Delta^{\alpha} t \\
&= \frac{1}{2} \langle (I_{H_{\Delta;a,b}^{\alpha}} - K_1)u, u \rangle,
\end{aligned}
$$

这里, 算子 $K_1 : H_{\Delta;a,b}^{\alpha} \to H_{\Delta;a,b}^{\alpha}$ 表达式如下:

$$
\begin{aligned}
\langle K_1 u, v \rangle = {} & \frac{1}{2} \int_{[a,b)_{\mathbb{T}}} \Big(u^{\sigma}(t), v^{\sigma}(t) \Big) \Delta^{\alpha} t \\
& + \int_{[a,b)_{\mathbb{T}}} \Big(A(t)u^{\sigma}(t), v^{\sigma}(t) \Big) \Delta^{\alpha} t, \quad \forall\, u, v \in H_{\Delta;a,b}^{\alpha},
\end{aligned}
$$

$I_{H_{\Delta;a,b}^{\alpha}}$ 表示 $H_{\Delta;a,b}^{\alpha}$ 上的恒同算子. 由 Riesz 表示定理易知, K_1 是线性自伴算子. 由 (6.2.1) 式, $\widetilde{\varphi}(u)$ 可简写为

$$
\begin{aligned}
\widetilde{\varphi}(u) &= q(u) - \int_{[a,b)_{\mathbb{T}}} F\big(\sigma(t), u^{\sigma}(t) \big) \Delta^{\alpha} t \\
&= \frac{1}{2} \langle (I_{H_{\Delta;a,b}^{\alpha}} - K_1)u, u \rangle + J(u). \tag{6.2.4}
\end{aligned}
$$

由注 2.7 可看出, $H_{\Delta;a,b}^{\alpha}$ 紧嵌入到 $C([a,b], \mathbb{R}^N)$ 中, 因此, K_1 是紧算子. 根据古典的谱分解定理, 可将 $H_{\Delta;a,b}^{\alpha}$ 分解为如下形式:

$$H_{\Delta;a,b}^{\alpha} = H_1^{-} \bigoplus H_1^{0} \bigoplus H_1^{+},$$

其中 $H_1^0 = \ker\left(I_{H_{\Delta;a,b}^\alpha} - K_1\right)$, H_1^-, H_1^+ 满足如下性质: 存在 $\delta > 0$, 使得

$$q(u) \leqslant -\delta\|u\|^2, \quad u \in H_1^-, \tag{6.2.5}$$

$$q(u) \geqslant \delta\|u\|^2, \quad u \in H_1^+. \tag{6.2.6}$$

注 6.1 由于 K_1 为 $H_{\Delta;a,b}^\alpha$ 上的紧算子, 因而算子 K_1 只有有限多个大于 1 的特征值, 所以 $\dim H_1^- < +\infty$. 又因为 $I_{H_{\Delta;a,b}^\alpha} - K_1$ 是自伴算子 $I_{H_{\Delta;a,b}^\alpha}$ 的紧扰动. 所以 0 不是算子 $I_{H_{\Delta;a,b}^\alpha} - K_1$ 的本质谱, 故 $\dim H_1^0 < +\infty$.

下面我们陈述本章证明问题 (6.1.1) 解的存在性和多解性需要用到的定义和临界点定理.

首先, 我们给出文献 [71] 中的局部环绕定理. 在陈述该定理之前, 先给出与该定理相关的一些记号和定义.

设 X 是 Banach 空间, 且具有直和分解 $X = X^1 \bigoplus X^2$. $X_i^j (j = 1, 2, i = 1, 2, \cdots)$ 为 $X^j (j = 1, 2)$ 的满足

$$X_0^1 \subset X_1^1 \subset \cdots \subset X^1, \quad X_0^2 \subset X_1^2 \subset \cdots \subset X^2,$$

$$\dim X_n^1 < +\infty, \quad \dim X_n^2 < +\infty, \quad n \in \mathbb{N},$$

$$X^1 = \overline{\bigcup_{n \in \mathbb{N}} X_n^1}, \quad X^2 = \overline{\bigcup_{n \in \mathbb{N}} X_n^2}$$

的子空间. 对每一个多重指标 $\alpha = (\alpha_1, \alpha_2) \in \mathbb{N} \times \mathbb{N}$, 记 $X_\alpha = X_{\alpha_1} \bigoplus X_{\alpha_2}$. 如果 $\alpha_1 \leqslant \beta_1, \alpha_2 \leqslant \beta_2$, 则称 $\alpha \leqslant \beta$. 如果对每一多重指标 $\alpha \in \mathbb{N} \times \mathbb{N}$, 存在 $m_0 \in \mathbb{N}$ 使得 $n \geqslant m_0 \Rightarrow \alpha_n \geqslant \alpha$, 则称序列 $\{\alpha_n\} \subset \mathbb{N} \times \mathbb{N}$ 是容许的.

定义 6.1([71, 定义 2.2]) 设 $I \in C^1(X, \mathbb{R})$, 如果对每个序列 $\{u_{\alpha_n}\}$, 当 $\{\alpha_n\}$ 是容许的且

$$u_{\alpha_n} \in X_{\alpha_n}, \quad \sup |I(u_{\alpha_n})| < \infty, \quad (1 + \|u_{\alpha_n}\|)I'(u_{\alpha_n}) \to 0$$

时, $\{u_{\alpha_n}\}$ 有收敛子列, 其极限是泛函 I 的临界点, 则称泛函 I 满足 $(C)^*$ 条件.

引理 6.1([71, 定理 2.2]) 若 $I \in C^1(X, \mathbb{R})$ 满足下列四个条件,

(I_1) $X^1 \neq \{0\}$, 且 I 在 0 处关于 (X^1, X^2) 局部环绕, 即, 对某个 $\gamma > 0$, 有

$$I(u) \geqslant 0, \quad u \in X^1, \quad \|u\| \leqslant \gamma,$$

$$I(u) \leqslant 0, \quad u \in X^2, \quad \|u\| \leqslant \gamma;$$

(I_2) I 满足 $(C)^*$ 条件;

(I_3) I 将有界集映为有界集;

(I_4) 对任意 $n \in \mathbb{N}$, 当 $u \in X_n^1 \bigoplus X^2, \|u\| \to \infty$ 时, $I(u) \to -\infty$, 则 I 至少有两个临界点.

注 6.2 因为 $I \in C^1(X, \mathbb{R})$, 由引理 6.1 的条件 (I_1) 知, 0 是 I 的临界点. 因而在引理 6.1 的假设条件下, I 至少有一个非平凡的临界点.

接下来, 我们陈述下面两个常用的临界点定理.

引理 6.2([72, 定理 5.29]) 设 E 为 Hilbert 空间, 且具有正交分解 $E = E_1 \bigoplus E_2$. 若 $I \in C^1(E, R)$ 满足 P.S. 条件及条件

(I_5) $I(u) = \frac{1}{2}\langle Lu, u \rangle + b(u)$, 其中 $Lu = L_1 P_1 u + L_2 P_2 u$, 而且 $L_1 : E_1 \to E_1$ 和 $L_2 : E_2 \to E_1$ 均为有界自伴算子;

(I_6) b' 为紧算子;

(I_7) 存在 E 的子空间 $\widetilde{E} \subset E$ 和集合 $S \subset E, Q \subset \widetilde{E}$ 及常数 $\alpha_0 > \omega$ 使得

(i) $S \subset E_1$ 且 $I|_S \geqslant \alpha_0$,

(ii) Q 有界, 并且 $I|_{\partial Q} \leqslant \omega$,

(iii) S 与 ∂Q 环绕,

则 c 是泛函 I 的临界值, 而且 $c \geqslant \alpha_0$.

引理 6.3([72, 定理 9.12]) 设 E 是 Banach 空间, 偶泛函 $I \in C^1(E, \mathbb{R})$ 且满足 P.S. 条件, $I(0) = 0$. 若 $E = V \bigoplus W$, $\dim V < +\infty$, I 满足

(I_8) 存在常数 $\rho, \xi > 0$ 使得 $I|_{\partial B_\rho \cap W} \geqslant \xi$, 其中 $B_\rho = \{x \in E : \|x\| < \rho\}$;

(I_9) 对每个 E 的有限维子空间 $\widetilde{E}$, 存在常数 $R = R(\widetilde{E})$ 使得

$$I(u) \leqslant 0, \quad u \in \widetilde{E} \backslash B_{R(\widetilde{E})},$$

则 I 有一个无界的临界值序列.

最后, 我们在陈述文献 [73] 中给出的一个临界点定理. 陈述该定理之前, 先给出一些与之相关的记号.

设 X 是自反且可分的 Banach 空间, Y 是 Banach 空间, $E = X \bigoplus Y$, $\mathcal{S}$ 是 X^* 的稠密子集. 对每个 $s \in \mathcal{S}$, 存在定义在 E 上的半模 $p_s : E \to R$ 如下:

$$p_s(u) = |s(x)| + \|y\|, \quad \forall u = x + y \in X \bigoplus Y.$$

$\mathcal{T}_{\mathcal{S}}$ 表示 E 上由半模族 $\{p_s\}$ 诱导的拓扑, w 和 w^* 分别表示 E 上的弱拓扑和弱 $*$ 拓扑.

对泛函 $\Phi \in C^1(E, R)$, 记 $\Phi_a = \{u \in E : \Phi(u) \geqslant a\}$. 若当 u_k 在 E 中弱收敛时, $\lim\limits_{k \to \infty} \Phi'(u_k)v \to \Phi'(u)v$ 对任意 $v \in E$ 都成立, 则称 Φ' 是弱序列连续的, 即 $\Phi' : (E, w) \to (E^*, w^*)$ 是序列连续的. 对 $c \in R$, 若任意序列 $\{u_k\} \subset E$, 当 $\Phi(u_k) \to c$ 且 $(1 + \|u_k\|)\Phi'(u_k) \to 0(k \to \infty)$ 时, $\{u_k\}$ 有收敛子列, 则称 Φ 满足 $(C)_c$ 条件.

注 6.3　由前述定义易知, 若 Φ 满足 P.S. 条件, 则对任意 $c \in \mathbb{R}, \Phi$ 都满足 $(C)_c$ 条件.

引理 6.4([73])　若偶泛函 Φ 满足条件

(Φ_0) 对任意 $c \in R$, Φ_c 关于拓扑 $\mathcal{T}_\mathcal{S}$ 是闭的, $\Phi' : (\Phi_c, \mathcal{T}_\mathcal{S}) \to (E^*, w^*)$ 是连续的;

(Φ_1) 存在 $\rho > 0$ 使得 $\nu := \inf \Phi(\partial B_\rho \cap Y) > 0$, 其中

$$B_\rho = \{u \in E : \|u\| < \rho\};$$

(Φ_2) 存在 Y 的有限维子空间 Y_0 及 $R > \rho$ 使得 $\bar{c} \triangleq \sup \Phi(E_0) < \infty$ 且 $\sup \Phi(E_0 \backslash S_0) < \inf \Phi(B_\rho \cap Y)$, 其中

$$E_0 \triangleq X \bigoplus Y_0, \quad S_0 = \{u \in E_0 : \|u\| \leqslant R\},$$

且对任意 $c \in [\nu, \bar{c}]$, Φ 满足 $(C)_c$ 条件, 则 Φ 至少有 $\dim Y_0$ 对临界点, 其临界值小于或等于 $\bar{c}$.

注 6.4　后面我们应用引理 6.4 证明问题 (6.1.1) 解的存在性和多解性时, 取 $\mathcal{S} = X^*$, 使得 $\mathcal{T}_\mathcal{S}$ 是 $E = X \bigoplus Y$ 上的乘积拓扑, 其中 X 上取弱拓扑, Y 上取强拓扑.

6.3　主　要　结　果

我们先给出如下两个解的存在性结果.

定理 6.4　若函数 $F : [a, b]_\mathbb{T} \times \mathbb{R}^N \to \mathbb{R}$ 满足条件

(H_{11}) $\lim\limits_{|x| \to \infty} \dfrac{F(t, x)}{|x|^2} = +\infty$ 对所有的 $t \in [a, b]_\mathbb{T}$ 一致地成立;

(H_{12}) $\lim\limits_{|x| \to 0} \dfrac{F(t, x)}{|x|^2} = 0$ 对所有的 $t \in [a, b]_\mathbb{T}$ 一致地成立;

(H$_{13}$) 存在 $\lambda > 2$ 和 $\beta > \lambda - 2$ 使得

$$\limsup_{|x|\to\infty} \frac{F(t,x)}{|x|^\lambda} < \infty$$

和

$$\liminf_{|x|\to\infty} \frac{(\nabla F(t,x),x) - 2F(t,x)}{|x|^\beta} > 0$$

对所有的 $t \in [a,b]_{\mathbb{T}}$ 一致的成立;

(H$_{14}$) 存在 $r > 0$ 使得

$$F(t,x) \geqslant 0, \quad \forall |x| \leqslant r, \quad t \in [a,b]_{\mathbb{T}},$$

则问题 (6.1.1) 至少有两个解. 其中一个是非平凡解, 另一个是零解.

证明 定理 6.1 表明, $\widetilde{\varphi} \in C^1(H^\alpha_{\Delta;a,b}, \mathbb{R})$. 令 $X = H^\alpha_{\Delta;a,b}$, $X^1 = H_1^+$, $X^2 = H_1^- \bigoplus H_1^0$, $(e_n)_{n\geqslant 1}$ 为 H_1^+ 的 Hilbert 基, 再定义

$$X_n^1 = \mathrm{span}\{e_1, e_2, \cdots, e_n\}, \quad n \in \mathbb{N},$$

$$X_n^2 = X^2, \quad n \in \mathbb{N},$$

则有

$$X_0^1 \subset X_1^1 \subset \cdots \subset X^1, \quad X_0^2 \subset X_1^2 \subset \cdots \subset X^2,$$

$$X^1 = \overline{\bigcup_{n\in\mathbb{N}} X_n^1}, \quad X^2 = \overline{\bigcup_{n\in\mathbb{N}} X_n^2}.$$

显然,

$$\dim X_n^1 < +\infty, \quad \dim X_n^2 < +\infty, \quad n \in \mathbb{N}.$$

首先, 我们证明 $\widetilde{\varphi}$ 满足 (C)* 条件.

设 $\{u_{\alpha_n}\}$ 为泛函 $\widetilde{\varphi}$ 的 $(C)^*$ 序列, 即 $\{\alpha_n\}$ 是相容的, 并且

$$u_{\alpha_n} \in X_{\alpha_n}, \quad \sup |\widetilde{\varphi}(u_{\alpha_n})| < +\infty, \quad (1 + \|u_{\alpha_n}\|)\widetilde{\varphi}'(u_{\alpha_n}) \to 0,$$

则存在正常数 C_{36} 使得对足够大的 n 有

$$|\widetilde{\varphi}(u_{\alpha_n})| \leqslant C_{36}, \quad (1 + \|u_{\alpha_n}\|)\widetilde{\varphi}'(u_{\alpha_n}) \leqslant C_{36}. \tag{6.3.1}$$

另外, 由条件 (H_{13}) 知, 存在正常数 C_{37} 和 $\rho_1 > 0$ 使得

$$F(t,x) \leqslant C_{37}|x|^\lambda \tag{6.3.2}$$

对 $|x| \geqslant \rho_1$ 和 $t \in [a,b]_{\mathbb{T}}$ 成立. 而当 $|x| \leqslant \rho_1$, $t \in [a,b]_{\mathbb{T}}$ 时, 由条件 (A) 可得

$$|F(t,x)| \leqslant \max_{s \in [0,\rho_1]} a(s)b(t). \tag{6.3.3}$$

结合 (6.3.2) 式和 (6.3.3) 式可估计到, 当 $x \in \mathbb{R}^N$, $t \in [a,b]_{\mathbb{T}}$ 时,

$$|F(t,x)| \leqslant \max_{s \in [0,\rho_1]} a(s)b(t) + C_{37}|x|^\lambda. \tag{6.3.4}$$

而 $d_{lm} \in L^\infty_{\alpha,\Delta}([a,b]_{\mathbb{T}}, \mathbb{R})(l, m = 1, 2, \cdots, N)$, 所以存在常数 $C_{38} \geqslant 1$ 使得

$$\left| \int_{[a,b)_{\mathbb{T}}} \Big(A\big(\sigma(t)\big) u^\sigma(t), u^\sigma(t) \Big) \Delta t \right|$$

$$\leqslant C_{38} \int_{[a,b)_{\mathbb{T}}} |u^\sigma(t)|^2 \, \Delta^\alpha t \tag{6.3.5}$$

对所有的 $u \in H^\alpha_{\Delta;a,b}$ 成立. 由 (6.3.4) 式、(6.3.5) 式和 Hölder 不等式知, 当 n 充分大时, 有

$$\frac{1}{2}\|u_{\alpha_n}\|^2 = \widetilde{\varphi}(u_{\alpha_n}) + \frac{1}{2}\int_{[a,b)_{\mathbb{T}}} |u^\sigma_{\alpha_n}(t)|^2 \, \Delta^\alpha t$$

$$+\frac{1}{2}\int_{[a,b)_{\mathbb{T}}}\big(A(\sigma(t))u^{\sigma}_{\alpha_n}(t),u^{\sigma}_{\alpha_n}(t)\big)\,\Delta^{\alpha}t$$

$$+\int_{[a,b)_{\mathbb{T}}}F\big(\sigma(t),u^{\sigma}_{\alpha_n}(t)\big)\,\Delta^{\alpha}t$$

$$\leqslant C_{36}+\frac{1}{2}\int_{[a,b)_{\mathbb{T}}}|u^{\sigma}_{\alpha_n}(t)|^2\,\Delta^{\alpha}t+\frac{C_{38}}{2}\int_{[a,b)_{\mathbb{T}}}|u^{\sigma}_{\alpha_n}(t)|^2\,\Delta^{\alpha}t$$

$$+C_{37}\int_{[a,b)_{\mathbb{T}}}|u^{\sigma}_{\alpha_n}(t)|^{\lambda}\,\Delta^{\alpha}t+\max_{s\in[0,\rho_1]}a(s)\int_{[a,b)_{\mathbb{T}}}b^{\sigma}(t)\,\Delta^{\alpha}t$$

$$\leqslant C_{36}+C_{38}\int_{[a,b)_{\mathbb{T}}}|u^{\sigma}_{\alpha_n}(t)|^2\,\Delta^{\alpha}t$$

$$+C_{37}\int_{[a,b)_{\mathbb{T}}}|u^{\sigma}_{\alpha_n}(t)|^{\lambda}\,\Delta^{\alpha}t+\max_{s\in[0,\rho_1]}a(s)\int_{[a,b)_{\mathbb{T}}}b^{\sigma}(t)\,\Delta^{\alpha}t$$

$$\leqslant C_{36}+C_{38}(\int_{[a,b)_{\mathbb{T}}}1\Delta^{\alpha}t)^{\frac{\lambda-2}{\lambda}}\left(\int_{[a,b)_{\mathbb{T}}}|u^{\sigma}_{\alpha_n}(t)|^{\lambda}\,\Delta^{\alpha}t\right)^{\frac{2}{\lambda}}$$

$$+C_{37}\int_{[a,b)_{\mathbb{T}}}|u^{\sigma}_{\alpha_n}(t)|^{\lambda}\,\Delta^{\alpha}t+C_{39}\tag{6.3.6}$$

对充分大的自然数 n 成立, 其中

$$C_{39}=\max_{s\in[0,\rho_1]}a(s)\int_{[a,b)_{\mathbb{T}}}b^{\sigma}(t)\,\Delta^{\alpha}t.$$

除此之外, 由条件 (H_{13}) 知, 存在正常数 C_{40} 和 $\rho_2>0$ 使得

$$\big(\nabla F(t,x),x\big)-2F(t,x)\geqslant C_{40}|x|^{\beta}\tag{6.3.7}$$

对 $|x|\geqslant\rho_2$ 和 $t\in[a,b]_{\mathbb{T}}$ 成立. 而当 $|x|\leqslant\rho_2$, $t\in[a,b]_{\mathbb{T}}$ 时, 由条件 (A) 有

$$\big|(\nabla F(t,x),x)-2F(t,x)\big|\leqslant C_{41}b(t),\tag{6.3.8}$$

其中 $C_{41}=(2+\rho_2)\max_{s\in[0,\rho_2]}a(s)$. 综合 (6.3.7) 式和 (6.3.8) 式可估计出, 当 $x\in\mathbb{R}^N$, $t\in[a,b]_{\mathbb{T}}$ 时,

$$\big(\nabla F(t,x),x\big)-2F(t,x)\geqslant C_{40}|x|^{\beta}-C_{40}\rho_2^{\beta}-C_{41}b(t).\tag{6.3.9}$$

结合 (6.3.1) 式和 (6.3.9) 式, 有

$$
\begin{aligned}
3C_{36} \geqslant{} & 2\widetilde{\varphi}(u_{\alpha_n}) - \langle \widetilde{\varphi}'(u_{\alpha_n}), u_{\alpha_n} \rangle \\
={} & \int_{[a,b)_{\mathbb{T}}} \left[\Big(\nabla F\big(\sigma(t), u_{\alpha_n}^{\sigma}(t)\big), u_{\alpha_n}^{\sigma}(t) \Big) - 2F\big(\sigma(t), u_{\alpha_n}^{\sigma}(t)\big) \right] \Delta^{\alpha} t \\
\geqslant{} & C_{40} \int_{[a,b)_{\mathbb{T}}} |u_{\alpha_n}^{\sigma}(t)|^{\beta}\, \Delta^{\alpha} t - C_{40}\rho_2^{\beta} \int_{[a,b)_{\mathbb{T}}} 1 \Delta^{\alpha} t \\
& - C_{41} \int_{[a,b)_{\mathbb{T}}} b^{\sigma}(t)\, \Delta^{\alpha} t \qquad\qquad (6.3.10)
\end{aligned}
$$

对充分大的自然数 n 成立. (6.3.10) 式蕴含 $\displaystyle\int_{[a,b)_{\mathbb{T}}} |u_{\alpha_n}^{\sigma}(t)|^{\beta}\, \Delta^{\alpha} t$ 有界. 由已知条件知, β 与 λ 的大小关系分两种情况. 当 $\beta > \lambda$ 时, 由 Hölder 不等式有

$$
\int_{[a,b)_{\mathbb{T}}} |u_{\alpha_n}^{\sigma}|^{\lambda}\, \Delta^{\alpha} t \leqslant \left(\int_{[a,b)_{\mathbb{T}}} 1 \Delta^{\alpha} t \right)^{\frac{\beta-\lambda}{\beta}} \left(\int_{[a,b)_{\mathbb{T}}} |u_{\alpha_n}^{\sigma}|^{\beta}\, \Delta^{\alpha} t \right)^{\frac{\lambda}{\beta}}. \qquad (6.3.11)
$$

(6.3.6) 式和 (6.3.11) 式表明 $\{u_{\alpha_n}\}$ 在 $H_{\Delta;a,b}^{\alpha}$ 中有界. 当 $\beta \leqslant \lambda$ 时, 则由定理 2.19 有

$$
\begin{aligned}
\int_{[a,b)_{\mathbb{T}}} |u_{\alpha_n}^{\sigma}(t)|^{\lambda}\, \Delta^{\alpha} t ={} & \int_{[a,b)_{\mathbb{T}}} |u_{\alpha_n}^{\sigma}(t)|^{\beta} |u_{\alpha_n}^{\sigma}(t)|^{\lambda-\beta}\, \Delta^{\alpha} t \\
\leqslant{} & \|u_{\alpha_n}\|_{\infty}^{\lambda-\beta} \int_{[a,b)_{\mathbb{T}}} |u_{\alpha_n}^{\sigma}(t)|^{\beta}\, \Delta^{\alpha} t \\
\leqslant{} & K^{\lambda-\beta} \|u_{\alpha_n}\|^{\lambda-\beta} \int_{[a,b)_{\mathbb{T}}} |u_{\alpha_n}^{\sigma}(t)|^{\beta}\, \Delta^{\alpha} t. \qquad (6.3.12)
\end{aligned}
$$

而 $\lambda - \beta < 2$, 结合 (6.3.6) 式和 (6.3.12) 式可知, $\{u_{\alpha_n}\}$ 在 $H_{\Delta;a,b}^{\alpha}$ 中有界. 综合以上两种情况得, $\{u_{\alpha_n}\}$ 在 $H_{\Delta;a,b}^{\alpha}$ 中有界. 取 $\{u_{\alpha_n}\}$ 的子列, 不妨仍记为 $\{u_{\alpha_n}\}$, 可假设在 $H_{\Delta;a,b}^{\alpha}$ 中, $u_{\alpha_n} \rightharpoonup u$. 应用嵌入定理 2.20 得 $\|u_{\alpha_n} - u\|_{\infty} \to 0$, 所以 $\|u_{\alpha_n}^{\sigma} - u^{\sigma}\|_{\infty} \to 0$. 再由注 2.1 得

$$
\int_{[a,b)_{\mathbb{T}}} |u_{\alpha_n}^{\sigma} - u^{\sigma}|^2\, \Delta t \to 0.
$$

注意到

$$
\begin{aligned}
&\int_{[a,b)_{\mathbb{T}}} |T_\alpha(u_{\alpha_n})(t) - T_\alpha(u)(t)|^2 \, \Delta^\alpha t \\
&= \langle \widetilde{\varphi}'(u_{\alpha_n}) - \widetilde{\varphi}'(u), u_{\alpha_n} - u \rangle \\
&\quad + \int_{[a,b)_{\mathbb{T}}} \Big(A\big(\sigma(t)\big)\big(u_{\alpha_n}^\sigma(t) - u^\sigma(t)\big), u_{\alpha_n}^\sigma(t) - u^\sigma(t) \Big) \, \Delta^\alpha t \\
&\quad + \int_{[a,b)_{\mathbb{T}}} \Big(\nabla F\big(\sigma(t), u_{\alpha_n}^\sigma(t)\big) - \nabla F\big(\sigma(t), u^\sigma(t)\big), u_{\alpha_n}^\sigma(t) - u^\sigma(t) \Big) \, \Delta^\alpha t,
\end{aligned}
$$

所以

$$
\int_{[a,b)_{\mathbb{T}}} |T_\alpha(u_{\alpha_n})(t) - T_\alpha(u)(t)|^2 \, \Delta^\alpha t \to 0,
$$

而且 $\|u_{\alpha_n} - u\| \to 0$. 故在 $H_{\Delta;a,b}^\alpha$ 中, $u_{\alpha_n} \to u$. 因而, $\widetilde{\varphi}$ 满足 (C)* 条件.

其次, 证明 $\widetilde{\varphi}$ 将有界集映为有界集.

根据 (6.2.1) 式、(6.3.4) 式、(6.3.5) 式和定理 2.19, 有

$$
\begin{aligned}
|\widetilde{\varphi}(u)| &= \frac{1}{2} \int_{[a,b)_{\mathbb{T}}} |T_\alpha(u)(t)|^2 \, \Delta^\alpha t - \frac{1}{2} \int_{[a,b)_{\mathbb{T}}} \Big(A\big(\sigma(t)\big) u^\sigma(t), u^\sigma(t) \Big) \, \Delta^\alpha t \\
&\quad - \int_{[a,b)_{\mathbb{T}}} F\big(\sigma(t), u^\sigma(t)\big) \, \Delta^\alpha t \\
&\leqslant \frac{1}{2} \int_{[a,b)_{\mathbb{T}}} |T_\alpha(u)(t)|^2 \, \Delta^\alpha t + \frac{C_{38}}{2} \int_{[a,b)_{\mathbb{T}}} |u^\sigma(t)|^2 \, \Delta^\alpha t \\
&\quad + C_{37} \int_{[a,b)_{\mathbb{T}}} |u^\sigma(t)|^\lambda \, \Delta^\alpha t + \max_{s \in [0,\rho_1]} a(s) \int_{[a,b)_{\mathbb{T}}} b^\sigma(t) \, \Delta^\alpha t \\
&\leqslant \frac{1}{2} C_{38} \|u\|^2 + C_{37} \|u\|_\infty^\lambda \int_{[a,b)_{\mathbb{T}}} 1 \Delta^\alpha t + C_{39} \\
&\leqslant \frac{1}{2} C_{38} \|u\|^2 + C_{37} K^\lambda \|u\|^\lambda \int_{[a,b)_{\mathbb{T}}} 1 \Delta^\alpha t + C_{39}
\end{aligned}
$$

对任意 $u \in H_{\Delta;a,b}^\alpha$ 成立. 此不等式表明 $\widetilde{\varphi}$ 将有界集映成有界集.

再次, 证明 $\widetilde{\varphi}$ 满足引理 6.1 的条件 (I$_1$).

事实上, 应用条件 (H$_{12}$), 对 $\epsilon_1 = \dfrac{\delta}{4}$, 存在 $\rho_3 > 0$ 使得

$$|F(t,x)| \leqslant \epsilon_1 |x|^2 \tag{6.3.13}$$

对 $|x| \leqslant \rho_3$ 和 $t \in [a,b]_{\mathbb{T}}$ 成立. 而对任意 $u \in X^1$ 且 $\|u\| \leqslant r_1 \triangleq \dfrac{\rho_3}{K}$, 由 (6.2.4) 式、(6.2.6) 式、(6.3.13) 式和定理 2.19, 有

$$\begin{aligned}
\widetilde{\varphi}(u) &= q(u) - \int_{[a,b)_{\mathbb{T}}} F\big(\sigma(t), u^\sigma(t)\big)\, \Delta^\alpha t \\
&\geqslant \delta \|u\|^2 - \epsilon_1 \int_{[a,b)_{\mathbb{T}}} |u^\sigma(t)|^2\, \Delta^\alpha t \\
&\geqslant \delta \|u\|^2 - \epsilon_1 \|u\|^2 \\
&= \frac{3\delta}{4} \|u\|^2.
\end{aligned}$$

此不等式表明

$$\widetilde{\varphi}(u) \geqslant 0, \quad \forall\, u \in X^1, \quad \|u\| \leqslant r_1.$$

另一方面, 当 $u = u^- + u^0 \in X^2$ 满足 $\|u\| \leqslant r_2 \triangleq \dfrac{r}{K}$ 时, 由 (H$_{14}$), 定理 2.19, (6.2.4) 式和 (6.2.5) 式, 有

$$\begin{aligned}
\widetilde{\varphi}(u) &= q(u) - \int_{[a,b)_{\mathbb{T}}} F\big(\sigma(t), u^\sigma(t)\big)\, \Delta^\alpha t \\
&\leqslant -\delta \|u^-\|^2 - \int_{[a,b)_{\mathbb{T}}} F\big(\sigma(t), u^\sigma(t)\big)\, \Delta^\alpha t \\
&\leqslant -\delta \|u^-\|^2.
\end{aligned}$$

此不等式表明

$$\widetilde{\varphi}(u) \leqslant 0, \quad \forall\, u \in X^2, \|u\| \leqslant r_2.$$

令 $\gamma = \min\{r_1, r_2\}$, 则 $\widetilde{\varphi}$ 满足引理 6.1 的条件 (I$_1$).

最后, 证明 $\widetilde{\varphi}$ 满足引理 6.1 的条件 (I_4).

对固定的 $n \in \mathbb{N}$, $\dim(X_n^1 \bigoplus X^2) < +\infty$, 故存在正常数 C_{42} 使得

$$\|u\| \leqslant C_{42}\left(\int_{[a,b)_{\mathbb{T}}} |u^\sigma(t)|^2 \, \Delta^\alpha t\right)^{\frac{1}{2}} \tag{6.3.14}$$

对所有的 $u \in X_n^1 \bigoplus X^2$ 成立. 由 (H_{11}) 知, 存在 $\rho_4 > 0$ 使得当 $|x| \geqslant \rho_4$, $t \in [a,b]_{\mathbb{T}}$ 时,

$$F(t,x) \geqslant C_{38}^2(C_7 + \delta)|x|^2. \tag{6.3.15}$$

而当 $|x| \leqslant \rho_4$, $t \in [a,b]_{\mathbb{T}}$ 时, 据条件 (A) 可得

$$|F(t,x)| \leqslant \max_{s\in[0,\rho_4]} a(s)b(t). \tag{6.3.16}$$

结合 (6.3.15) 式和 (6.3.16) 式可知, 当 $x \in \mathbb{R}^N$, $t \in [a,b]_{\mathbb{T}}$ 时,

$$F(t,x) \geqslant C_{42}^2(C_{38}+\delta)|x|^2 - C_{43} - \max_{s\in[0,\rho_4]} a(s)b(t), \tag{6.3.17}$$

其中 $C_{43} = C_{42}^2(C_{38}+\delta)\rho_4^2$. 联合 (6.2.1) 式、(6.2.5) 式、(6.3.5) 式、(6.3.14) 式和 (6.3.17) 式知, 对

$$u = u^+ + u^0 + u^- \in X_n^1 \bigoplus X^2 = X_n^1 \bigoplus H^0 \bigoplus H^-,$$

有

$$\begin{aligned}\widetilde{\varphi}(u) &= \frac{1}{2}\int_{[a,b)_{\mathbb{T}}} |T_\alpha(u)(t)|^2 \, \Delta^\alpha t - \frac{1}{2}\int_{[a,b)_{\mathbb{T}}} \Big(A(\sigma(t))u^\sigma(t), u^\sigma(t)\Big)\,\Delta^\alpha t \\ &\quad - \int_{[a,b)_{\mathbb{T}}} F\big(\sigma(t), u^\sigma(t)\big)\,\Delta^\alpha t \\ &\leqslant -\delta\|u^-\|^2 + \frac{1}{2}\int_{[a,b)_{\mathbb{T}}} |T_\alpha(u^+)(t)|^2 \, \Delta^\alpha t \\ &\quad - \frac{1}{2}\int_{[a,b)_{\mathbb{T}}} \Big(A(\sigma(t))(u^+)^\sigma(t), (u^+)^\sigma(t)\Big)\,\Delta^\alpha t\end{aligned}$$

$$-\int_{[a,b)_{\mathbb{T}}} F\big(\sigma(t),u^\sigma(t)\big)\,\Delta^\alpha t$$

$$\leqslant -\delta\|u^-\|^2 + \frac{1}{2}\int_{[a,b)_{\mathbb{T}}} |T_\alpha(u^+)(t)|^2\,\Delta^\alpha t$$

$$+\frac{C_{38}}{2}\int_{[a,b)_{\mathbb{T}}} |(u^+)^\sigma(t)|^2\,\Delta^\alpha t - \int_{[a,b)_{\mathbb{T}}} F\big(\sigma(t),u^\sigma(t)\big)\,\Delta^\alpha t$$

$$\leqslant -\delta\|u^-\|^2 + \frac{C_{38}}{2}\|u^+\|^2 - C_{42}^2(C_{38}+\delta)\int_{[a,b)_{\mathbb{T}}} |u^\sigma(t)|^2\,\Delta^\alpha t$$

$$+C_{43}\int_{[a,b)_{\mathbb{T}}} 1\,\Delta^\alpha t + \max_{s\in[0,\rho_4]} a(s)\int_{[a,b)_{\mathbb{T}}} b^\sigma(t)\,\Delta^\alpha t$$

$$\leqslant -\delta\|u^-\|^2 + C_{38}|u^+\|^2 - \big(C_{38}+\delta\big)\|u\|^2 + C_{43}\int_{[a,b)_{\mathbb{T}}} 1\,\Delta^\alpha t + C_{44}$$

$$=-\delta\|u^-\|^2 + C_{38}\|u^+\|^2 - \big(C_{38}+\delta\big)\|u^+ + u^0 + u^-\|^2$$

$$+C_{43}\int_{[a,b)_{\mathbb{T}}} 1\,\Delta^\alpha t + C_{44}$$

$$\leqslant -\delta\|u^-\|^2 + C_{38}\|u^+\|^2 - \big(C_{38}+\delta\big)\|u^+\|^2 - \delta\|u^0 + u^-\|$$

$$+C_{43}\int_{[a,b)_{\mathbb{T}}} 1\,\Delta^\alpha t + C_{44}$$

$$\leqslant -\delta\|u^-\|^2 + C_{38}\|u^+\|^2 - \big(C_{38}+\delta\big)\|u^+\|^2 - \delta\|u^0\|^2$$

$$+C_{43}\int_{[a,b)_{\mathbb{T}}} 1\,\Delta^\alpha t + C_{44}$$

$$=-\delta\|u\|^2 + C_{43}\int_{[a,b)_{\mathbb{T}}} 1\,\Delta^\alpha t + C_{44},$$

其中,

$$C_{44} = \max_{s\in[0,\rho_4]} a(s)\int_{[a,b)_{\mathbb{T}}} b^\sigma(t)\,\Delta^\alpha t.$$

所以, 对任意 $n\in\mathbb{N}$, 当 $u\in X_n^1\bigoplus X^2$ 且 $\|u\|\to\infty$ 时, $\widetilde{\varphi}(u)\to-\infty$.

综上, 引理 6.1 的所有条件都满足, 故问题 (6.1.1) 至少有两个解, 其中一个是非平凡解, 另一个是零解. ∎

例 6.1 设 $\mathbb{T}=\mathbb{R},\alpha=1,a=2\pi,,b=\dfrac{5}{2}\pi,N=1$. 考虑二阶

Hamiltonian 系统

$$
\begin{cases}
\ddot{u}(t) + A(t)u(t) + \nabla F(t, u(t)) = 0, & \text{a.e. } t \in \left[2\pi, \dfrac{5\pi}{2}\right], \\
u(2\pi) - u\left(\dfrac{5\pi}{2}\right) = \dot{u}(2\pi) - \dot{u}\left(\dfrac{5\pi}{2}\right) = 0,
\end{cases}
\tag{6.3.18}
$$

其中,

$$
A(t) = 1,
$$

$$
F(t, x) = \begin{cases}
|x|^6, & |x| \geqslant 2, \\
\dfrac{64}{2 - \sqrt{3}}x - \dfrac{64\sqrt{3}}{2 - \sqrt{3}}, & \sqrt{3} < x < 2, \\
0, & |x| \leqslant \sqrt{3}, \\
\dfrac{64}{\sqrt{3} - 2}x + \dfrac{64\sqrt{3}}{\sqrt{3} - 2}, & -2 \leqslant x < -\sqrt{3},
\end{cases}
\qquad x \in \mathbb{R}, t \in \left[2\pi, \dfrac{5\pi}{2}\right].
$$

经验证, 定理 6.4 的所有条件均满足. 根据定理 6.4, 问题 (6.3.18) 至少有一个非平凡解. 事实上,

$$
u(t) = \begin{cases}
\sqrt{3}\cos t, & t \in \left[2\pi, \dfrac{9\pi}{4}\right], \\
\sqrt{3}\sin t, & t \in \left[\dfrac{9\pi}{4}, \dfrac{5\pi}{2}\right].
\end{cases}
$$

就是问题 (6.3.18) 的非平凡解. ∎

定理 6.5 若下列条件成立,

(H_{15}) $\limsup\limits_{|x| \to 0} \dfrac{F(t, x)}{|x|^2} \leqslant 0$ 对所有的 $t \in [a, b]_{\mathbb{T}}$ 一致地成立;

(H_{16}) 存在常数 $\theta > 2$ 和 $r_3 \geqslant 0$ 使得 $(\nabla F(t, x), x) \geqslant \theta F(t, x) > 0$ 对所有的 $t \in [a, b]_{\mathbb{T}}$ 和 $|x| \geqslant r_3$ 一致地成立;

(H_{17}) $F(t, x) \geqslant 0, \forall x \in \mathbb{R}^N, t \in [a, b]_{\mathbb{T}}$,

则问题 (6.1.1) 至少有一个非平凡解.

证明　令

$$E_1 = H_1^+, \quad E_2 = H_1^- \bigoplus H_1^0, \quad E = H_{\Delta;a,b}^\alpha,$$

则 E 是实 Hilbert 空间, 并且

$$E = E_1 \bigoplus E_2, \quad E_2 = E_1^\perp, \quad \dim E_2 < +\infty.$$

首先, 证明 $\widetilde\varphi$ 满足 P.S. 条件. 事实上, 若 $\{u_k\} \subset H_{\Delta;a,b}^\alpha$ 为 $\widetilde\varphi$ 的 P.S. 序列, 即 $|\widetilde\varphi(u_k)| \leqslant C_{45}$, 且当 $k \to \infty$ 时, $\widetilde\varphi'(u_k) \to 0$. 如定理 2.4 的证明一样, 只需证明 $\{u_k\}$ 在 $H_{\Delta;a,b}^\alpha$ 中有界即可. 通过 (H_{16}) 知, 存在常数 C_{46}, C_{47} 使得

$$F(t,x) \geqslant C_{46}|x|^\theta - C_{47}, \quad \forall t \in [a,b]_\mathbb{T}, \quad \forall x \in \mathbb{R}^N, \qquad (6.3.19)$$

(可参见文献 [74]). 再利用 (H_{16}) 和 (6.3.19) 式, 有

$$2C_{31} + \|u_k\|$$

$$\geqslant 2\widetilde\varphi(u_k) - \langle \widetilde\varphi'(u_k), u_k \rangle$$

$$= \int_{[a,b]_\mathbb{T}} \left[\Big(\nabla F\big(\sigma(t), u_k^\sigma(t)\big), u_k^\sigma(t) \Big) - 2F\big(\sigma(t), u_k^\sigma(t)\big) \right] \Delta^\alpha t$$

$$= (\theta - 2) \int_{[a,b]_\mathbb{T}} F\big(\sigma(t), u_k^\sigma(t)\big) \Delta^\alpha t$$

$$\quad + \int_{[a,b]_\mathbb{T}} \left[\Big(\nabla F\big(\sigma(t), u_k^\sigma(t)\big), u_k^\sigma(t) \Big) - \theta F\big(\sigma(t), u_k^\sigma(t)\big) \right] \Delta^\alpha t$$

$$\geqslant (\theta - 2) \int_{[a,b]_\mathbb{T}} \big(C_{46} |u_k^\sigma(t)|^\theta - C_{47} \big) \Delta^\alpha t$$

$$\quad + \int_{[a,b]_\mathbb{T}} \left[\Big(\nabla F\big(\sigma(t), u_k^\sigma(t)\big), u_k^\sigma(t) \Big) - \theta F\big(\sigma(t), u_k^\sigma(t)\big) \right] \Delta^\alpha t$$

$$\geqslant (\theta - 2) C_{46} \int_{[a,b]_\mathbb{T}} |u_k^\sigma(t)|^\theta \, \Delta^\alpha t - (\theta - 2) C_{47} \int_{[a,b]_\mathbb{T}} 1 \Delta^\alpha t - C_{48} \qquad (6.3.20)$$

对充分大的自然数 k 成立, 其中,

$$C_{48} = (r_3 + \theta) \max_{s \in [0,r_3]} a(s) \int_{[a,b)_{\mathbb{T}}} b^{\sigma}(t) \, \Delta^{\alpha}t.$$

(6.3.20) 式说明, 存在正常数 C_{49} 使得

$$\int_{[a,b)_{\mathbb{T}}} |u_k^{\sigma}(t)|^{\theta} \, \Delta^{\alpha}t \leqslant C_{49}(1 + \|u_k\|). \tag{6.3.21}$$

联合 (6.2.1) 式、(6.3.21) 式和 Hölder 不等式, 有

$$\theta C_{31} + \|u_k\|$$

$$\geqslant \theta \widetilde{\varphi}(u_k) - \langle \widetilde{\varphi}'(u_k), u_k \rangle$$

$$= \left(\frac{\theta}{2} - 1\right) \int_{[a,b)_{\mathbb{T}}} \left[|T_{\alpha}(u_k)(t)|^2 - \left(A(\sigma(t)) u_k^{\sigma}(t), u_k^{\sigma}(t) \right) \right] \Delta^{\alpha}t$$

$$+ \int_{[a,b)_{\mathbb{T}}} \left[\left(\nabla F(\sigma(t), u_k^{\sigma}(t)), u_k^{\sigma}(t) \right) - \theta F(\sigma(t), u_k^{\sigma}(t)) \right] \Delta^{\alpha}t$$

$$\geqslant \left(\frac{\theta}{2} - 1\right) \|u_k\|^2 - \left(\frac{\theta}{2} - 1\right) \int_{[a,b)_{\mathbb{T}}} |u_k^{\sigma}(t)|^2 \, \Delta^{\alpha}t$$

$$- \left(\frac{\theta}{2} - 1\right) C_{38} \int_{[a,b)_{\mathbb{T}}} |u_k^{\sigma}(t)|^2 \, \Delta^{\alpha}t - C_{48}$$

$$= \left(\frac{\theta}{2} - 1\right) \|u_k\|^2 - \left(\frac{\theta}{2} - 1\right) (1 + C_{38}) \int_{[a,b)_{\mathbb{T}}} |u_k^{\sigma}(t)|^2 \, \Delta^{\alpha}t - C_{48}$$

$$\geqslant \left(\frac{\theta}{2} - 1\right) \|u_k\|^2 - \left(\frac{\theta}{2} - 1\right) (1 + C_{38}) \left(\int_{[a,b)_{\mathbb{T}}} 1 \Delta^{\alpha}t \right)^{\frac{\theta-2}{\theta}}$$

$$\times \left(\int_{[a,b)_{\mathbb{T}}} |u_k^{\sigma}(t)|^{\theta} \, \Delta^{\alpha}t \right)^{\frac{2}{\theta}} - C_{48}$$

$$\geqslant \left(\frac{\theta}{2} - 1\right) \|u_k\|^2 - \left(\frac{\theta}{2} - 1\right) (1 + C_{38}) \left(\int_{[a,b)_{\mathbb{T}}} 1 \Delta^{\alpha}t \right)^{\frac{\theta-2}{\theta}}$$

$$\times \left(C_{35}(1 + \|u_k\|) \right)^{\frac{2}{\theta}} - C_{48} \tag{6.3.22}$$

对充分大的自然数 k 成立. 因为 $\theta > 2$, 由 (6.3.22) 式知, $\{u_k\}$ 在 $H_{\Delta;a,b}^{\alpha}$

中有界.

对 $\epsilon_2 = \dfrac{\delta}{3}$, 根据条件 (H_{15}) 得, 存在 $\rho_5 > 0$ 使得

$$F(t, x) \leqslant \epsilon_2 |x|^2, \quad |x| < \rho_5, \ t \in [a, b]_{\mathbb{T}}. \tag{6.3.23}$$

若 $u \in E^1$ 且 $\|u\| \leqslant \rho_6 \triangleq \dfrac{\rho_5}{K}$ 时, 由 (6.2.4) 式、(6.2.6) 式、(7.3.23) 式和定理 2.19, 有

$$
\begin{aligned}
\widetilde{\varphi}(u) &= q(u) - \int_{[a,b)_{\mathbb{T}}} F\big(\sigma(t), u^{\sigma}(t)\big) \, \Delta^{\alpha} t \\
&\geqslant \delta \|u\|^2 - \epsilon_2 \int_{[a,b)_{\mathbb{T}}} |u^{\sigma}(t)|^2 \, \Delta^{\alpha} t \\
&\geqslant \delta \|u\|^2 - \epsilon_2 \|u\|^2 \\
&= \delta \|u\|^2 - \frac{\delta}{3} |u|^2 \\
&= \frac{2\delta}{3} \|u\|^2.
\end{aligned}
$$

至此, 有

$$\widetilde{\varphi}(u) \geqslant \frac{\delta \rho_6^2}{2} \triangleq \alpha_0 > 0, \quad \forall\, u \in E^1, \ \|u\| = \rho_6. \tag{6.3.24}$$

另一方面, 由定理 6.3 得, J' 是紧算子. 由 (6.2.4) 式和 (6.3.24) 式知 $\widetilde{\varphi}$ 满足引理 6.2 的条件 (I_5), (I_6) 和 $(I_7)(i)$, 其中 $S = \partial B_{\rho_6} \cap E_1$.

令 $e \in E_1 \cap \partial B_1$, $r_4 > \rho_6$, $r_5 > 0$, $Q = \{se : s \in (0, r_4)\} \bigoplus (B_{r_5} \cap E_2)$ 且 $\widetilde{E} = \operatorname{span}\{e\} \bigoplus E_2$, 则 S 和 ∂Q 环绕, 其中 $B_{r_5} = \{u \in E : \|u\| \leqslant r_5\}$.

定义

$$Q_1 = \{u \in E_2 : \|u\| \leqslant r_5\}, \quad Q_2 = \{r_4 e + u : u \in E_2, \ \|u\| \leqslant r_5\},$$

$$Q_3 = \{se + u : s \in [0, r_4], u \in E_2, \ \|u\| = r_5\},$$

则 $\partial Q = Q_1 \cup Q_2 \cup Q_3$.

根据条件 (H_{17}), (6.2.4) 式和 (6.2.5) 式, 可知 $\varphi|_{Q_1} \leqslant 0$. 而当 $r_4 e + u \in Q_2$ 时, $u = u^0 + u^- \in E_2$, 且 $\|u\| \leqslant r_5$. 应用有限维空间中的任意范数的等价性和 (6.3.19) 式知, 存在常数正常数 C_{50} 使得

$$\int_{[a,b)_{\mathbb{T}}} F\big(\sigma(t), r_4 e^\sigma(t) + u^\sigma(t)\big)\, \Delta^\alpha t$$

$$\geqslant C_{46} \int_{[a,b)_{\mathbb{T}}} \big|r_4 e^\sigma(t) + u^\sigma(t)\big|^\theta \Delta^\alpha t - C_{47} \int_{[a,b)_{\mathbb{T}}} 1 \Delta^\alpha t$$

$$\geqslant C_{50} \|r_4 e + u\|^\theta - C_{47} \int_{[a,b)_{\mathbb{T}}} 1 \Delta^\alpha t$$

$$= C_{50} (r_4^2 + \|u\|^2)^{\frac{\theta}{2}} - C_{47} \int_{[a,b)_{\mathbb{T}}} 1 \Delta^\alpha t.$$

因为 $\theta > 2$, 所以对充分大的 $r_4 > \rho_6$ 有

$$\widetilde{\varphi}(r_4 e + u)$$

$$= \frac{r_4^2}{2} \langle (I_{H^\alpha_{\Delta;a,b}} - K_1)e, e \rangle + \frac{1}{2} \langle (I_{H^\alpha_{\Delta;a,b}} - K_1)u, u \rangle$$

$$\quad - \int_{[a,b)_{\mathbb{T}}} F\big(\sigma(t), r_4 e^\sigma(t) + u^\sigma(t)\big)\, \Delta^\alpha t$$

$$\leqslant \frac{r_4^2}{2} \|I_{H^\alpha_{\Delta;a,b}} - K_1\| - \delta \|u^-\|^2$$

$$\quad - C_{50}(r_4^2 + \|u\|^2)^{\frac{\theta}{2}} + C_{47} \int_{[a,b)_{\mathbb{T}}} 1 \Delta^\alpha t$$

$$\leqslant \frac{r_4^2}{2} \|I_{H^\alpha_{\Delta;a,b}} - K_1\| - C_{50} r_4^\theta + C_{47} \int_{[a,b)_{\mathbb{T}}} 1 \Delta^\alpha t$$

$$\leqslant 0.$$

而当 $se + u \in Q_3$ 时, $s \in [0, r_4]$, $u \in E_2$, $\|u\| = r_5$. 由有限维空间中范数间的等价性及 (6.3.19) 式知, 对充分大的 $r_5 > r_4$, 有

$$\int_{[a,b)_{\mathbb{T}}} F\big(\sigma(t), se^\sigma(t) + u^\sigma(t)\big)\, \Delta^\alpha t$$

$$\geqslant C_{46} \int_{[a,b)_{\mathbb{T}}} |se^{\sigma}(t) + u^{\sigma}(t)|^{\theta} \, \Delta^{\alpha}t - C_{47} \int_{[a,b)_{\mathbb{T}}} 1\Delta^{\alpha}t$$

$$\geqslant C_{50} \|se + u\|^{\theta} - C_{47} \int_{[a,b)_{\mathbb{T}}} 1\Delta^{\alpha}t$$

$$= C_{50}(s^2 + r_5^2)^{\frac{\theta}{2}} - C_{47} \int_{[a,b)_{\mathbb{T}}} 1\Delta^{\alpha}t.$$

因而,

$$\widetilde{\varphi}(se + u)$$

$$= \frac{s^2}{2} \langle (I_{H^{\alpha}_{\Delta;a,b}} - K_1)e, e \rangle + \frac{1}{2} \langle (I_{H^{\alpha}_{\Delta;a,b}} - K_1)u, u \rangle$$

$$- \int_{[a,b)_{\mathbb{T}}} F\big(\sigma(t), se^{\sigma}(t) + u^{\sigma}(t)\big) \, \Delta^{\alpha}t$$

$$\leqslant \frac{s^2}{2} \|I_{H^{\alpha}_{\Delta;a,b}} - K_1\| - \delta \|u^-\|^2$$

$$- C_{50}(s^2 + r_5^2)^{\frac{\theta}{2}} + C_{47} \int_{[a,b)_{\mathbb{T}}} 1\Delta^{\alpha}t$$

$$\leqslant \frac{r_4^2}{2} \|I_{H^{\alpha}_{\Delta;a,b}} - K_1\| - C_{50}r_5^{\theta} + C_{47} \int_{[a,b)_{\mathbb{T}}} 1\Delta^{\alpha}t$$

$$\leqslant 0.$$

由上述证明过程知, $\widetilde{\varphi}$ 满足引理 6.2 的所有条件. 所以 $\widetilde{\varphi}$ 有临界值 $c \geqslant \alpha_0 > 0$. 因此, 问题 (6.1.1) 至少有一个非平凡解. ∎

例 6.2　设 $\mathbb{T} = \{\sqrt{n} : n \in \mathbb{N}_0\}, \alpha = \dfrac{1}{2}, a = 1, b = 100, N = 4$. 考虑时标 $\mathbb{T}$ 上的具受迫项的共形分数阶 Hamiltonian 系统

$$\begin{cases} T_{\frac{1}{2}}(T_{\frac{1}{2}}(u))(t) + A(\sqrt{t^2+1})u(\sqrt{t^2+1}) \\ \quad + \nabla F\big(\sqrt{t^2+1}, u(\sqrt{t^2+1})\big) = 0, \quad \Delta\text{-a.e. } t \in [1,100]^{\kappa}_{\mathbb{T}}, \quad (6.3.25) \\ u(1) - u(100) = T_{\frac{1}{2}}(u)(1) - T_{\frac{1}{2}}(u)(100) = 0, \end{cases}$$

其中 $F(t,x) = (t^2+4)|x|^6, \quad x \in \mathbb{R}^4, t \in [1,100]_{\mathbb{T}}$.

经验证, $F(t,x)$ 满足定理 6.5 的所有条件. 因此, 由定理 6.5 知, 问题 (6.3.25) 至少有一个非平凡解. ∎

上面两个定理只给出了解的存在性, 下面给出两个多解性结果.

定理 6.6 若定理 6.5 中的条件 $(H_{15}), (H_{16})$ 及条件

(H_{18}) $\forall t \in [a,b]_{\mathbb{T}}, x \in \mathbb{R}^N$, 有 $F(t,x) = F(t,-x), F(t,0) = 0$

成立, 则问题 (6.1.1) 有一个无界的解序列.

证明 我们用引理 6.3 证明该定理. 为此, 令 $W = H_1^+, V = H_1^- \oplus H_1^0$, $E = H_{\Delta;a,b}^{\alpha}$, 则有 $E = V \bigoplus W$, $\dim V < +\infty$, $\widetilde{\varphi} \in C^1(E, R)$. 由定理 6.5 的证明过程可知, $\widetilde{\varphi}$ 满足 P.S. 条件, 并且存在 $\rho_6 > 0$ 和 $\alpha_0 > 0$ 使得

$$\widetilde{\varphi}(u) \geqslant \alpha_0, \quad \forall\, u \in W\,, \|u\| = \rho_6.$$

对 E 的任意有限维子空间 $\widetilde{E}$, 由 (6.2.1) 式、(6.3.5) 式、(6.3.19) 式和有限维空间范数的等价性知, 存在 $C_{51} > 0$ 使得

$$
\begin{aligned}
\widetilde{\varphi}(u) &= \frac{1}{2} \int_{[a,b)_{\mathbb{T}}} |T_\alpha(u)(t)|^2 \, \Delta^\alpha t - \frac{1}{2} \int_{[a,b)_{\mathbb{T}}} \Big(A(\sigma(t)) u^\sigma(t), u^\sigma(t) \Big) \Delta^\alpha t \\
&\quad - \int_{[a,b)_{\mathbb{T}}} F\big(\sigma(t), u^\sigma(t)\big) \, \Delta^\alpha t \\
&\leqslant \frac{1}{2} \|u\|^2 + \frac{C_{38}}{2} \int_{[a,b)_{\mathbb{T}}} |u^\sigma(t)|^2 \, \Delta^\alpha t \\
&\quad - C_{46} \int_{[a,b)_{\mathbb{T}}} |u^\sigma(t)|^\theta \, \Delta^\alpha t + C_{47} \int_{[a,b)_{\mathbb{T}}} 1 \Delta^\alpha t \\
&\leqslant \frac{1}{2}(1 + C_{38}) \|u\|^2 - C_{51} \|u\|^\theta + C_{47} \int_{[a,b)_{\mathbb{T}}} 1 \Delta^\alpha t.
\end{aligned}
$$

因此, 当 $u \in \widetilde{E}, \|u\| \to \infty$ 时,

$$\widetilde{\varphi}(u) \to -\infty. \tag{6.3.26}$$

此不等式说明, 存在 $R = R_{(\widetilde{E})} > 0$ 使得

$$\widetilde{\varphi}(u) \leqslant 0, \quad \forall u \in \widetilde{E} \backslash B_R.$$

不仅如此, 还可由条件 (H_{18}) 知, $\widetilde{\varphi}$ 是偶泛函且 $\widetilde{\varphi}(0) = 0$. 从而, 由引理 6.3 知, $\widetilde{\varphi}$ 有一个临界点序列 $\{u_n\} \subset E$ 使得 $|\widetilde{\varphi}(u_n)| \to \infty$. 我们断言, $\{u_n\}$ 在 E 中无界. 若不然, $\{u_n\}$ 在 E 中有界, 由 $\widetilde{\varphi}$ 的定义知, $\{|\widetilde{\varphi}(u_n)|\}$ 是有界的, 与 $\{|\widetilde{\varphi}(u_n)|\}$ 的无界性矛盾. 因此, 问题 (6.1.1) 有一个无界的解序列. ■

例 6.3　设 $\mathbb{T} = \mathbb{Z}, \alpha = \dfrac{1}{3}, a = 2, b = 170, N = 3$. 考虑共形分数阶离散 Hamiltonian 系统

$$\begin{cases} T_{\frac{1}{3}}(T_{\frac{1}{3}}(u))(t) + A(t+1)u(t+1) \\ \quad + \nabla F(t+1, u(t+1)) = 0, \quad t \in [2, 169] \cap \mathbb{Z}, \\ u(2) - u(170) = T_{\frac{1}{3}}(u)(2) - T_{\frac{1}{3}}(u)(170) = 0, \end{cases} \tag{6.3.27}$$

其中 $A(t)$ 是单位矩阵,

$$F(t, x) = |x|^6, \quad \forall x \in \mathbb{R}^3, \ t \in [2, 170] \cap \mathbb{Z}.$$

经验证, 定理 6.6 的各条件均满足. 故由定理 6.6 知, 问题 (6.3.27) 有一个无界的解序列. ■

注 6.5　在定理 6.6 中, 如果去掉 "$F(t, 0) = 0$" 这一条件, 则得到定理 6.7.

定理 6.7　若定理 6.5 中的条件 (H_{15}), (H_{16}) 及条件

(H_{19}) $\forall t \in [a, b]_{\mathbb{T}}, x \in \mathbb{R}^N$, 有 $F(t, x) = F(t, -x)$

成立, 那么问题 (6.1.1) 有无穷多个解.

证明　我们应用引理 6.4 证明该定理. 为此, 令 $Y = H^+, X = H^- \bigoplus H^0, E = H_{\Delta;a,b}^{\alpha}$. 则由定理 6.6 的证明过程知, $E = X \bigoplus Y$,

$\dim(X) < +\infty, \widetilde{\varphi}$ 是偶泛函, $\widetilde{\varphi} \in C^1(E, R)$ 满足 P.S. 条件, 存在 $\rho_6, \alpha_0 > 0$ 使得

$$\widetilde{\varphi}|_{\partial B_{\rho_6} \cap Y} \geqslant \alpha_0, \quad \inf \widetilde{\varphi}(B_{\rho_6} \cap Y) > 0,$$

其中 $\partial B_{\rho_6} = \{u \in E : \|u\| = \rho_6\}$.

然而, 由 (6.3.26) 式知, 对 E 的任意有限维子空间 $\widetilde{E}$, 若 $u \in \widetilde{E}$, $\|u\| \to \infty$, 则有

$$\widetilde{\varphi}(u) \to -\infty.$$

据此, 对 Y 的任意有限维子空间 Y_0, 条件 (Φ_2) 成立. 进一步, 由于 $\dim(X) < +\infty, \widetilde{\varphi} \in C^1(E, R)$, 条件 (Φ_0) 也成立. 从而, 引理 6.4 的各条件均成立. 通过引理 6.4 得, 问题 (6.1.1) 有无穷多个解. ∎

注 6.6 在定理 6.7 中, 去掉了定理 6.6 中 "$F(t, 0) = 0$" 这一条件, 仅能得到无穷多解的存在性, 解序列是否无界这一结论不能保证.

6.4　小　结

本章中, 再现了时标上的共形分数阶 Sobolev 空间 $H_{\Delta;a,b}^\alpha$ 在时标上的共形分数阶微分方程边值问题变分方法研究中的又一个应用. 在空间 $H_{\Delta;a,b}^\alpha$ 上构造了时标上的具受迫项的共形分数阶 Hamiltonian 系统 (6.1.1) 的变分泛函, 克服了受迫项带来的困难, 应用临界点定理获得了系统 (6.1.1) 解的存在性的两个结果和解的多重性的两个结果, 实现了应用临界点理论研究时标上的具受迫项的共形分数阶边值问题的目标, 提出了一套研究时标上的具受迫项的共形分数阶边值问题的行之有效的新方法——变分方法.

第7章 一类时标上的共形分数阶脉冲阻尼振动问题解的存在性和多解性

7.1 引 言

第 6 章中, 我们考虑了空间 $H_{\Delta;a,b}^{\alpha}$ 在时标上的具受迫项的共形分数阶 Hamiltonian 系统中的应用, 建立了一套应用变分方法研究具受迫项的共形分数阶边值问题的新方法. 在本章中, 作为 Sobolev 空间 $H_{\Delta;a,b}^{\alpha}$ 在时标上的共形分数阶脉冲阻尼振动问题中的应用, 我们把空间 $H_{\Delta;a,b}^{\alpha}$ 作为构造变分泛函的工作空间, 应用临界点理论研究时标 $\mathbb{T}$ 上的共形分数阶脉冲阻尼振动问题

$$
\begin{cases}
T_{\alpha}(T_{\alpha}(u))(t) + BT_{\alpha}(u + u^{\sigma})(t) \\
+ A(\sigma(t))u^{\sigma}(t) + \nabla F(\sigma(t), u^{\sigma}(t)) = 0, \quad \Delta\text{-a.e. } t \in [a,b]_{\mathbb{T}}^{\kappa}, \\
u(a) - u(b) = T_{\alpha}(u)(a) - T_{\alpha}(u)(b) = 0, \\
T_{\alpha}(u^{i})(t_{j}^{+}) - T_{\alpha}(u^{i})(t_{j}^{-}) = I_{ij}\big(u^{i}(t_{j})\big), \quad i \in \Lambda_1, j \in \Lambda_2
\end{cases}
\tag{7.1.1}
$$

解的存在性和多解性, 其中 $T_{\alpha}(u)(t)$ 表示 u 在点 t 处的 α 阶共形分数阶导数, $a, b \in \mathbb{T}, 0 < a < b, t_0 = a < t_1 < t_2 < \cdots < t_{\widetilde{p}} < t_{\widetilde{p}+1} = b, t_j \in [a,b]_{\mathbb{T}}\ (j = 0, 1, 2, \cdots, \widetilde{p}+1), u(t) = \big(u^1(t), u^2(t), \cdots, u^N(t)\big), I_{ij} : \mathbb{R} \to \mathbb{R}\ (i \in \Lambda_1, j \in \Lambda_2)$ 为连续函数, $T_{\alpha}(u^i)(t_j^+)$ 与 $T_{\alpha}(u^i)(t_j^-)$ 如第 5 章所示, $A(t) = [d_{nk}(t)]$ 是定义在 $[a,b]_{\mathbb{T}}$ 上的 N 阶对称矩阵值函数, 并且对所有的 $n, k = 1, 2, \cdots, N, d_{nk} \in L_{\alpha,\Delta}^{\infty}([a,b]_{\mathbb{T}}, \mathbb{R}), B = [\bar{b}_{lm}]$ 为 $N \times N$ 反对称

常数矩阵, $F : [a,b]_\mathbb{T} \times \mathbb{R}^N \to \mathbb{R}$ 满足第 3 章中的条件 (A).

当 $\mathbb{T} = \mathbb{R}, \alpha = 1$ 时, 问题 (7.1.1) 简化为如下经典的脉冲阻尼振动问题

$$\begin{cases} \ddot{u}(t) + 2B\dot{u}(t) + A(t)u(t) + \nabla F(t,u(t)) = 0, & \text{a.e. } t \in [a,b], \\ u(a) - u(b) = \dot{u}(a) - \dot{u}(b) = 0, \\ \dot{u}^i(t_j^+) - \dot{u}^i(t_j^-) = I_{ij}(u^i(t_j)), & i \in \Lambda_1, j \in \Lambda_2, \end{cases}$$

当 $\mathbb{T} = \mathbb{Z}, \alpha = 1$ 时, 问题 (7.1.1) 简化为如下经典的离散脉冲阻尼振动问题

$$\begin{cases} \Delta^2 u(t) + B\Delta(u(t) + u(t+1)) + A(t+1)u(t+1) \\ + \nabla F(t+1, u(t+1)) = 0, & \text{a.e. } t \in [a, b-1] \cap \mathbb{Z}, \\ u(a) - u(b) = 0, \Delta u(a) - \Delta u(b) = 0, \\ \Delta u^i(t_j + 1) - \Delta u^i(t_j - 1) = I_{ij}(u^i(t_j)), & i \in \Lambda_1, j \in \Lambda_2. \end{cases}$$

而当 $\mathbb{T}$ 为任意时标, $\alpha = 1$ 时, 问题 (7.1.1) 简化为如下时标 $\mathbb{T}$ 上的脉冲阻尼振动问题

$$\begin{cases} u^{\Delta^2}(t) + B(u + u^\sigma)^\Delta(t) \\ + A(\sigma(t))u(\sigma(t)) + \nabla F(\sigma(t), u(\sigma(t))) = 0, & \Delta\text{-a.e. } t \in [a,b]_\mathbb{T}^\kappa, \\ u(a) - u(b) = u^\Delta(a) - u^\Delta(b) = 0, \\ (u^i)^\Delta(t_j^+) - (u^i)^\Delta(t_j^-) = I_{ij}(u^i(t_j)), & i \in \Lambda_1, j \in \Lambda_2, \end{cases} \quad (7.1.2)$$

当 $\alpha = 1, \mathbb{T} = \mathbb{R}, I_{ij} \equiv 0, i \in \Lambda_1, j \in \Lambda_2, B = 0$ 且 $A(t) \not\equiv 0$ 时, 文献 [75] 研究了当 $A(t)$ 为负定矩阵值函数时问题 (7.1.1) 解的存在性; 文献 [76] 应用极大极小定理获得了问题 (7.1.1) 解存在的若干充分条件; 文献 [77] 研究了问题 (7.1.1) 周期解的存在性, 文献 [78] 应用变分方法中的临界点定理研究了当 $\alpha = 1, \mathbb{T} = \mathbb{R}, I_{ij} \equiv 0, i \in \Lambda_1, j \in \Lambda_2, B \neq 0$ 且

$A(t) \not\equiv 0$ 时问题 (7.1.1) 解的存在性和多解性; 文献 [79] 应用变分方法中的临界点定理研究了在任意时标 $\mathbb{T}$ 上当 $\alpha = 1$, $I_{ij}(t) \not\equiv 0$, $i \in \Lambda_1, j \in \Lambda_2$, $B \neq 0$ 且 $A(t) \not\equiv 0$ 时问题 (7.1.1) 解的存在性和多解性.

尽管如此, 当 $\alpha \neq 1$ 时, 由于共形分数阶导数、阻尼项和脉冲项带来的困难, 在我们之前还没有人研究过问题 (7.1.1) 解的存在性和多解性, 尤其是应用变分方法研究问题 (7.1.1) 解的存在性和多解性. 原因在于尚未找到合适的工作空间构造问题 (7.1.1) 对应的变分泛函. 有了第 2 章中我们建立的时标上的共形分数阶 Sobolev 空间 $H_{\Delta;a,b}^\alpha$, 就能克服这一困难, 并打开研究时标上的共形分数阶脉冲阻尼振动问题解的存在性和多解性的新思路.

鉴于上述原因, 我们在共形分数阶 Sobolev 空间 $H_{\Delta;a,b}^\alpha$ 上构造问题 (7.1.1) 对应的变分结构并应用临界点定理研究问题 (7.1.1) 解的存在性和多解性, 统一和推广连续的脉冲阻尼振动问题、离散的脉冲阻尼振动问题、整数阶的脉冲阻尼振动问题和分数阶的脉冲阻尼振动问题的研究, 提出一套研究时标上的共性分数阶脉冲阻尼振动问题的行之有效的新方法.

7.2　准 备 工 作

和第 5 章一样, 在本节中, 我们试图在空间 $H_{\Delta;a,b}^\alpha$ 上建立问题 (7.1.1) 对应的泛函, 使其临界点就是问题 (7.1.1) 的解, 实现将研究问题 (7.1.1) 解的存在性转化为研究其对应泛函的临界点的存在性这一目标.

任意 $v \in H_{\Delta;a,b}^\alpha$, 等式

$$T_\alpha\big(T_\alpha(u)\big)(t) + BT_\alpha(u + u^\sigma)(t) + A(\sigma(t))u(\sigma(t)) + \nabla F(\sigma(t), u(\sigma(t))) = 0$$

两边与 v^σ 做内积并在区间 $[a,b]_{\mathbb{T}}$ 上积分, 则有

$$0 = \int_{[a,b]_{\mathbb{T}}} \left[T_\alpha\big(T_\alpha(u)\big)(t) + BT_\alpha(u+u^\sigma)(t) \right] v^\sigma(t)\, \Delta^\alpha t$$
$$+ \int_{[a,b]_{\mathbb{T}}} \left[A(\sigma(t))u(\sigma(t)) + \nabla F(\sigma(t), u(\sigma(t))) \right] v^\sigma(t)\, \Delta^\alpha t. \quad (7.2.1)$$

应用第 5 章同样的推导方式可得

$$\int_{[a,b]_{\mathbb{T}}} \Big(T_\alpha(T_\alpha(u))(t), v^\sigma(t) \Big)\, \Delta^\alpha t$$
$$= -\sum_{j=1}^{\widetilde{p}} \sum_{i=1}^{N} I_{ij}\big(u^i(t_j)\big)(v^i)(t_j) - \int_{[a,b]_{\mathbb{T}}} \Big(T_\alpha(u)(t), T_\alpha(v)(t) \Big)\, \Delta^\alpha t.$$

而由定理 2.11, 定理 2.13 和矩阵 B 的反对称性得

$$\int_{[a,b]_{\mathbb{T}}} \big(BT_\alpha(u)(t) + BT_\alpha(u^\sigma)(t), v^\sigma(t) \big)\, \Delta^\alpha t$$
$$= \int_{[a,b]_{\mathbb{T}}} \big(BT_\alpha(u)(t), v^\sigma(t) \big)\, \Delta^\alpha t - \int_{[a,b]_{\mathbb{T}}} \big(Bu^\sigma(t), T_\alpha(v)(t) \big)\, \Delta^\alpha t$$
$$= \int_{[a,b]_{\mathbb{T}}} \big(BT_\alpha(u)(t), v^\sigma(t) \big)\, \Delta^\alpha t + \int_{[a,b]_{\mathbb{T}}} \big(BT_\alpha(u)(t), v(t) \big)\, \Delta^\alpha t.$$

所以, 由 (7.2.1) 式和上述两个等式得

$$0 = \sum_{j=1}^{\widetilde{p}} \sum_{i=1}^{N} I_{ij}\big(u^i(t_j)\big)(v^i)(t_j) + \int_{[a,b]_{\mathbb{T}}} \Big(T_\alpha(u)(t), T_\alpha(v)(t) \Big)\, \Delta^\alpha t$$
$$- \int_{[a,b]_{\mathbb{T}}} \big(BT_\alpha(u)(t), v^\sigma(t) \big)\, \Delta^\alpha t - \int_{[a,b]_{\mathbb{T}}} \big(BT_\alpha(u)(t), v(t) \big)\, \Delta^\alpha t$$
$$- \int_{[a,b]_{\mathbb{T}}} \big(A^\sigma(t)u^\sigma(t) + \nabla F(\sigma(t), u^\sigma(t)), v^\sigma(t) \big)\, \Delta^\alpha t.$$

鉴于上述原因, 我们给出问题 (7.1.1) 解的定义.

定义 7.1 如果等式

$$\sum_{j=1}^{\widetilde{p}} \sum_{i=1}^{N} I_{ij}\big(u^i(t_j)\big)(v^i)(t_j) + \int_{[a,b]_{\mathbb{T}}} \Big(T_\alpha(u)(t), T_\alpha(v)(t) \Big)\, \Delta^\alpha t$$

$$
\begin{aligned}
=&\int_{[a,b)_{\mathbb{T}}}\big(BT_\alpha(u)(t),v^\sigma(t)\big)\,\Delta^\alpha t+\int_{[a,b)_{\mathbb{T}}}\big(BT_\alpha(u)(t),v(t)\big)\,\Delta^\alpha t\\
&+\int_{[a,b)_{\mathbb{T}}}\big(A^\sigma(t)u^\sigma(t)+\nabla F(\sigma(t),u^\sigma(t)),v^\sigma(t)\big)\,\Delta^\alpha t
\end{aligned}
$$

对所有的 $v\in H_{\Delta;a,b}^\alpha$ 成立, 则称函数 $u\in H_{\Delta;a,b}^\alpha$ 为问题 (7.1.1) 的解 (弱解).

现在, 我们定义泛函 $\chi:H_{\Delta;a,b}^\alpha\to\mathbb{R}$ 如下:

$$
\begin{aligned}
\chi(u)=&\frac{1}{2}\int_{[a,b)_{\mathbb{T}}}|T_\alpha(u)(t)|^2\,\Delta^\alpha t+\sum_{j=1}^{\widetilde{p}}\sum_{i=1}^{N}\int_0^{u^i(t_j)}I_{ij}(t)\,\mathrm{d}t\\
&+\int_{[a,b)_{\mathbb{T}}}\big(Bu^\sigma(t),T_\alpha(u)(t)\big)\,\Delta^\alpha t\\
&-\frac{1}{2}\int_{[a,b)_{\mathbb{T}}}\big(A^\sigma(t)u^\sigma(t),u^\sigma(t)\big)\,\Delta^\alpha t+J(u)\\
=&\chi_1(u)+\overline{\phi}(u),
\end{aligned}\tag{7.2.2}
$$

其中泛函 $\overline{\phi}$ 为第 5 章所示, 泛函 J 为第 6 章所示,

$$
\begin{aligned}
\chi_1(u)=&\frac{1}{2}\int_{[a,b)_{\mathbb{T}}}|T_\alpha(u)(t)|^2\,\Delta^\alpha t+\int_{[a,b)_{\mathbb{T}}}\big(Bu^\sigma(t),T_\alpha(u)(t)\big)\,\Delta^\alpha t\\
&-\frac{1}{2}\int_{[a,b)_{\mathbb{T}}}\big(A^\sigma(t)u^\sigma(t),u^\sigma(t)\big)\,\Delta^\alpha t+J(u).
\end{aligned}
$$

定理 7.1　χ 在 $H_{\Delta;a,b}^\alpha$ 上连续可微且有

$$
\begin{aligned}
\langle\chi'(u),v\rangle=&\int_{[a,b)_{\mathbb{T}}}\big(T_\alpha(u)(t),T_\alpha(v)(t)\big)\,\Delta^\alpha t+\sum_{j=1}^{\widetilde{p}}\sum_{i=1}^{N}I_{ij}\big(u^i(t_j)\big)v^i(t_j)\\
&-\int_{[a,b)_{\mathbb{T}}}\big(BT_\alpha(u)(t),v^\sigma(t)\big)\,\Delta^\alpha t-\int_{[a,b)_{\mathbb{T}}}\big(BT_\alpha(u)(t),v(t)\big)\,\Delta^\alpha t\\
&-\int_{[a,b)_{\mathbb{T}}}\bigg(A^\sigma(t)u^\sigma(t)+\nabla F(\sigma(t),u^\sigma(t)),v^\sigma(t)\bigg)\,\Delta^\alpha t
\end{aligned}\tag{7.2.3}
$$

对任意的 $v\in H_{\Delta;a,b}^\alpha$ 成立.

证明　令

$$L(t,x,y) = \frac{1}{2}|y|^2 + \frac{1}{2}(Bx,y) - \frac{1}{2}(A(t)x,x) - F(t,x), \quad x,y \in \mathbb{R}^N, t \in [a,b]_{\mathbb{T}}.$$

由条件 (A) 知, 函数 $L(t,x,y)$ 满足定理 2.21 的所有条件. 因而, 对函数 $L(t,x,y)$ 应用定理 2.21 知, 泛函 χ_1 在 $H^\alpha_{\Delta;a,b}$ 上连续可微, 且有

$$\langle \chi_1'(u),v \rangle = \int_{[a,b)_{\mathbb{T}}} \big(T_\alpha(u)(t), T_\alpha(v)(t)\big) \Delta^\alpha t$$

$$- \int_{[a,b)_{\mathbb{T}}} \Big(A^\sigma(t)u^\sigma(t) + \nabla F(\sigma(t), u^\sigma(t)), v^\sigma(t)\Big) \Delta^\alpha t$$

$$- \int_{[a,b)_{\mathbb{T}}} \big(BT_\alpha(u)(t), v^\sigma(t)\big) \Delta^\alpha t - \int_{[a,b)_{\mathbb{T}}} \big(BT_\alpha(u)(t), v(t)\big) \Delta^\alpha t$$

对任意的 $v \in H^\alpha_{\Delta;a,b}$ 成立.

另一方面, 由 $I_{ij}(i \in \Lambda_1, j \in \Lambda_2)$ 的连续性知, $\overline{\phi} \in C^1(H^\alpha_{\Delta;a,b}, \mathbb{R})$, 且

$$\langle \overline{\phi}'(u), v \rangle = \sum_{j=1}^{\widetilde{p}} \sum_{i=1}^{N} I_{ij}(u^i(t_j))v^i(t_j)$$

对任意的 $v \in H^\alpha_{\Delta;a,b}$ 成立. 因而, χ 在 $H^\alpha_{\Delta;a,b}$ 上连续可微且有 (7.2.3) 式成立. ∎

引理 7.1　$\overline{\phi}'$ 为 $H^\alpha_{\Delta;a,b}$ 上的紧算子.

证明　设 $\{u_n\}$ 是 $H^\alpha_{\Delta;a,b}$ 中的有界序列, 由于 $H^\alpha_{\Delta;a,b}$ 为 Hilbert 空间, 不妨假设 $u_k \rightharpoonup u$. 定理 2.20 蕴含 $\|u_k - u\|_\infty \to 0$. 由定理 2.19 有

$$\|\overline{\phi}'(u_k) - \overline{\phi}'(u)\|_{(H^\alpha_{\Delta;a,b})^*}$$

$$= \sup_{v \in H^\alpha_{\Delta;a,b}, \|v\| \leqslant 1} \big|\langle \overline{\phi}'(u_k) - \overline{\phi}'(u), v \rangle\big|$$

$$= \sup_{v \in H^\alpha_{\Delta;a,b}, \|v\| \leqslant 1} \Big| \sum_{j=1}^{\widetilde{p}} \sum_{i=1}^{N} \big[I_{ij}(u_k^i(t_j)) - I_{ij}(u^i(t_j))\big]v^i(t_j)\Big|$$

$$\leqslant \|v\|_\infty \sup_{v\in H^\alpha_{\Delta;a,b},\|v\|\leqslant 1} \Big| \sum_{j=1}^{\tilde{p}} \sum_{i=1}^{N} \big| I_{ij}(u^i_k(t_j)) - I_{ij}(u^i(t_j)) \big|$$

$$\leqslant K\|v\| \sup_{v\in H^\alpha_{\Delta;a,b},\|v\|\leqslant 1} \Big| \sum_{j=1}^{\tilde{p}} \sum_{i=1}^{N} \big| I_{ij}(u^i_k(t_j)) - I_{ij}(u^i(t_j)) \big|$$

$$= K \sup_{v\in H^\alpha_{\Delta;a,b},\|v\|\leqslant 1} \Big| \sum_{j=1}^{\tilde{p}} \sum_{i=1}^{N} \big| I_{ij}(u^i_k(t_j)) - I_{ij}(u^i(t_j)) \big|.$$

而脉冲函数 I_{ij} 连续, 所以 $\lim_{k\to\infty} \overrightarrow{\phi}'(u_k) = \overrightarrow{\phi}'(u)$. ∎

由定义 7.1 和定理 7.1 可知, χ 的临界点就是问题 (7.1.1) 的解 (弱解).

为了克服应用临界点定理证明问题 (7.1.1) 解的存在性和多解性时对泛函 χ 作估计阻尼项 $T_\alpha(u+u^\sigma)$ 和受迫项 $A(\sigma(t))u^\sigma(t)$ 所带来的困难, 我们做如下准备工作.

定义算子 $L : H^\alpha_{\Delta;a,b} \to (H^\alpha_{\Delta;a,b})^*$ 如下:

$$Lu(v) = \int_{[a,b)_\mathbb{T}} \big(BT_\alpha(u)(t), v^\sigma(t)\big)\, \Delta^\alpha t, \quad \forall u,v \in H^\alpha_{\Delta;a,b}.$$

其中 $(H^\alpha_{\Delta;a,b})^*$ 表示 $H^\alpha_{\Delta;a,b}$ 的对偶空间. 由 Ries 表示定理, 可将 $(H^\alpha_{\Delta;a,b})^*$ 与 $H^\alpha_{\Delta;a,b}$ 等同看待. 因此, Lu 可视为 $H^\alpha_{\Delta;a,b}$ 上的泛函使得

$$\langle Lu, v \rangle = Lu(v), \quad \forall u,v \in H^\alpha_{\Delta;a,b},$$

而且 L 是 $H^\alpha_{\Delta;a,b}$ 上的线性自伴算子. 另一方面, 和文献 [78] 中引理 2.3 的证明一样, 可证明如下引理.

引理 7.2 设 L 为 $H^\alpha_{\Delta;a,b}$ 上的紧算子.

对 $u \in H^\alpha_{\Delta;a,b}$, 定义

$$\omega(u) = \frac{1}{2} \int_{[a,b)_\mathbb{T}} \big[|T_\alpha(u)(t)|^2 + (2Bu^\sigma(t), T_\alpha(u)(t))$$

$$-\big(A^\sigma(t)u^\sigma(t),u^\sigma(t)\big)\big]\,\Delta^\alpha t,$$

则有

$$\omega(u)=\frac{1}{2}\|u\|^2-\frac{1}{2}\int_{[a,b)_{\mathbb{T}}}\big((A^\sigma(t)+I_{N\times N})u^\sigma(t)-2BT_\alpha(u)(t),u^\sigma(t)\big)\,\Delta^\alpha t$$

$$=\frac{1}{2}\langle(I_{H^\alpha_{\Delta;a,b}}-K_2)u,u\rangle,$$

其中, $K_2:H^\alpha_{\Delta;a,b}\to H^\alpha_{\Delta;a,b}$ 是定义为

$$\langle K_2 u,v\rangle=2\langle Lu,v\rangle$$

$$+\int_{[a,b)_{\mathbb{T}}}\big((A^\sigma(t)+I_{N\times N})u^\sigma(t),u^\sigma(t)\big)\,\Delta^\alpha t,\quad\forall\,u,v\in H^\alpha_{\Delta;a,b}$$

的有界线性自伴算子, $I_{N\times N}$ 表示 N 阶单位阵. 根据 (7.2.2) 式, $\chi(u)$ 可表示为

$$\chi(u)=\omega(u)+\overline{\phi}(u)+J(u)$$

$$=\frac{1}{2}\langle(I_{H^\alpha_{\Delta;a,b}}-K_2)u,u\rangle+\overline{\phi}(u)+J(u). \tag{7.2.4}$$

空间 $H^\alpha_{\Delta;a,b}$ 嵌入 $C([a,b]_{\mathbb{T}},\mathbb{R}^N)$ 的紧性和引理 7.2 说明算子 K_2 是紧的. 由古典的谱分解定理可将空间 $H^\alpha_{\Delta;a,b}$ 分解为

$$H^\alpha_{\Delta;a,b}=H_2^-\bigoplus H_2^0\bigoplus H_2^+,$$

其中, $H_2^0=\ker(I_{H^\alpha_{\Delta;a,b}}-K_2)$, H_2^-,H_2^+ 满足: 存在某个 $\eta>0$ 使得

$$\omega(u)\leqslant-\eta\|u\|^2,\quad u\in H_2^-, \tag{7.2.5}$$

$$\omega(u)\geqslant\eta\|u\|^2,\quad u\in H_2^+. \tag{7.2.6}$$

注 7.1 因为 K_2 为 $H^\alpha_{\Delta;a,b}$ 上的紧算子, 所以算子 K_2 只有有限多个大于 1 的特征值. 因此, $\dim H_2^-<+\infty$. 进而, $I_{H^\alpha_{\Delta;a,b}}-K_2$ 是自

伴算子 $I_{H^{\alpha}_{\Delta;a,b}}$ 的紧扰动. 所以 0 不是算子 $I_{H^{\alpha}_{\Delta;a,b}} - K_2$ 的本质谱, 故 $\dim H^0_2 < +\infty$.

7.3 主 要 结 果

下面先陈述两个解的存在性结果.

定理 7.2　若定理 6.4 的条件 (H_{11})—(H_{14}) 及下列条件满足.

(H_{20}) 存在 $\beta_{ij}, \gamma_{ij} > 0$ 和 $\xi_{ij} \in [0, 1)$ 使得

$$|I_{ij}(t)| \leqslant \beta_{ij} + \gamma_{ij}|t|^{\xi_{ij}}, \quad t \in \mathbb{R}, i \in \Lambda_1, j \in \Lambda_2;$$

(H_{21}) $\displaystyle\int_0^t I_{ij}(s)\,\mathrm{d}s \leqslant 0, \ \ t \in \mathbb{R}, i \in \Lambda_1, j \in \Lambda_2;$

(H_{22}) 存在 $\zeta_{ij} > 0$ 使得

$$2\int_0^t I_{ij}(s)\,\mathrm{d}s - I_{ij}(t)t \geqslant 0, \quad i \in \Lambda_1, j \in \Lambda_2 \ \ |t| \geqslant \zeta_{ij}$$

并且

$$\lim_{t \to 0} \frac{I_{ij}(t)}{t} = 0, \quad i \in \Lambda_1, j \in \Lambda_2,$$

则问题 (7.1.1) 至少有两个解, 其中一个是零解, 另一个是非平凡解.

为了证明定理 7.2, 先证明如下引理.

引理 7.3　在定理 7.2 的假设条件下, χ 满足 $(\mathrm{C})^*$ 条件.

证明　设 $\{u_{\alpha_n}\}$ 为泛函 χ 的 $(\mathrm{C})^*$ 序列, 即 $\{\alpha_n\}$ 是相容的, 并且

$$u_{\alpha_n} \in X_{\alpha_n}, \quad \sup \chi(u_{\alpha_n})| < +\infty, \quad (1 + \|u_{\alpha_n}\|)\chi'(u_{\alpha_n}) \to 0,$$

则存在正常数 C_{52} 使得

$$|\chi(u_{\alpha_n})| \leqslant C_{52}, \quad (1 + \|u_{\alpha_n}\|)\|\chi'(u_{\alpha_n})\| \leqslant C_{52} \tag{7.3.1}$$

对足够大的 n 成立. 令 $\widetilde{b} = \max\limits_{l,m=1,2,\cdots,N}\{\overline{b}_{lm}\}$, 则对 $\forall u \in H^\alpha_{\Delta;a,b}$, 有

$$\left|\int_{[a,b)_\mathbb{T}} (Bu^\sigma(t), T_\alpha(u)(t))\,\Delta^\alpha t\right|$$

$$\leqslant \frac{1}{2}\int_{[a,b)_\mathbb{T}} |2Bu^\sigma(t)||T_\alpha(u)(t)|\,\Delta^\alpha t$$

$$\leqslant \frac{1}{4}\int_{[a,b)_\mathbb{T}} \left[|2Bu^\sigma(t)|^2 + |T_\alpha(u)(t)|^2\right]\Delta^\alpha t$$

$$\leqslant \frac{1}{2}\widetilde{b}N\int_{[a,b)_\mathbb{T}} |u^\sigma(t)|^2\,\Delta^\alpha t + \frac{1}{4}\int_{[a,b)_\mathbb{T}} |T_\alpha(u)(t)|^2\,\Delta^\alpha t. \quad (7.3.2)$$

由 (H$_{20}$) 和 (7.2.4) 式可推出

$$|\overline{\phi}(u)| \leqslant \sum_{j=1}^{\widetilde{p}}\sum_{i=1}^{N}\int_0^{|u^i(t_j)|}\left(\beta_{ij} + \gamma_{ij}|t|^{\xi_{ij}}\right)\mathrm{d}t$$

$$\leqslant \overline{\beta}\widetilde{p}N\|u\|_\infty + \overline{\gamma}\sum_{j=1}^{\widetilde{p}}\sum_{i=1}^{N}\|u\|_\infty^{\xi_{ij}+1}$$

$$\leqslant \overline{\beta}\widetilde{p}NK\|u\| + \overline{\gamma}K^{\xi_{ij}+1}\sum_{j=1}^{\widetilde{p}}\sum_{i=1}^{N}\|u\|^{\xi_{ij}+1} \quad (7.3.3)$$

对所有的 $u \in H^\alpha_{\Delta;a,b}$ 成立, 其中,

$$\overline{\beta} = \max_{i\in\Lambda_1,j\in\Lambda_2}\{\beta_{ij}\}, \quad \overline{\gamma} = \max_{i\in\Lambda_1,j\in\Lambda_2}\{\gamma_{ij}\}.$$

结合 (6.3.4) 式、(6.3.5) 式、(7.3.2) 式和 (7.3.3) 式, 再利用 Hölder 不等式, 有

$$\frac{1}{2}\|u_{\alpha_n}\|^2 = \chi(u_{\alpha_n}) - \overline{\phi}(u_{\alpha_n}) + \frac{1}{2}\int_{[a,b)_\mathbb{T}} |u^\sigma_{\alpha_n}(t)|^2\,\Delta^\alpha t$$

$$+ \frac{1}{2}\int_{[a,b)_\mathbb{T}}\left(A^\sigma(t)u_{\alpha_n}(t), u^\sigma_{\alpha_n}(t)\right)\Delta^\alpha t$$

$$- \int_{[a,b)_\mathbb{T}}\left(Bu^\sigma_{\alpha_n}(t), T_\alpha(u_{\alpha_n})(t)\right)\Delta^\alpha t - J(u)$$

$$\leqslant C_{52} + \overline{\beta}\widetilde{p}NK\|u_{\alpha_n}\| + \overline{\gamma}K^{\xi_{ij}+1}\sum_{j=1}^{\widetilde{p}}\sum_{i=1}^{N}\|u_{\alpha_n}\|^{\xi_{ij}+1}$$

$$+C_{38}\int_{[a,b)_{\mathbb{T}}}|u_{\alpha_n}^{\sigma}(t)|^2\,\Delta^{\alpha}t$$

$$+\frac{\widetilde{b}N}{2}\int_{[a,b)_{\mathbb{T}}}|u_{\alpha_n}^{\sigma}(t)|^2\,\Delta^{\alpha}t + \frac{1}{4}\int_{[a,b)_{\mathbb{T}}}|T_{\alpha}(u_{\alpha_n})(t)|^2\,\Delta^{\alpha}t$$

$$+C_{37}\int_{[a,b)_{\mathbb{T}}}|u_{\alpha_n}^{\sigma}(t)|^{\lambda}\,\Delta^{\alpha}t + \max_{s\in[0,\rho_1]}a(s)\int_{[a,b)_{\mathbb{T}}}b^{\sigma}(t)\,\Delta^{\alpha}t$$

$$\leqslant C_{52} + \overline{\beta}\widetilde{p}NK\|u_{\alpha_n}\| + \overline{\gamma}K^{\xi_{ij}}\sum_{j=1}^{p}\sum_{i=1}^{N}\|u_{\alpha_n}\|^{\xi_{ij}+1} + \frac{1}{4}\|u_{\alpha_n}\|^2$$

$$+\left(C_{38}+\frac{\widetilde{b}N}{2}\right)\left(\int_{[a,b)_{\mathbb{T}}}1\Delta^{\alpha}t\right)^{\frac{\lambda-2}{\lambda}}\left(\int_{[a,b)_{\mathbb{T}}}|u_{\alpha_n}^{\sigma}(t)|^{\lambda}\,\Delta^{\alpha}t\right)^{\frac{2}{\lambda}}$$

$$+C_{37}\int_{[a,b)_{\mathbb{T}}}|u_{\alpha_n}^{\sigma}(t)|^{\lambda}\,\Delta^{\alpha}t + C_{39} \tag{7.3.4}$$

对充分大的自然数 n 成立. 另一方面, 由条件 (H_{22}) 知, 存在常数 $C_{53} > 0$ 使得

$$2\int_0^t I_{ij}(s)\,\mathrm{d}s - I_{ij}(t)t \geqslant -C_{53}, \quad i\in\Lambda_1, j\in\Lambda_2,\ t\in\mathbb{R}. \tag{7.3.5}$$

联合 (6.3.9) 式、(7.3.1) 式和 (7.3.5) 式和矩阵 B 的反对称性, 有

$$3C_{52} \geqslant 2\chi(u_{\alpha_n}) - \langle\chi'(u_{\alpha_n}), u_{\alpha_n}\rangle$$

$$= 2\overline{\phi}(u_{\alpha_n}) - \langle\overline{\phi}'(u_{\alpha_n}), u_{\alpha_n}\rangle$$

$$+\int_{[a,b)_{\mathbb{T}}}\left[(\nabla F(\sigma(t), u_{\alpha_n}^{\sigma}(t)), u_{\alpha_n}^{\sigma}(t)) - 2F(\sigma(t), u_{\alpha_n}^{\sigma}(t))\right]\Delta^{\alpha}t$$

$$+\int_{[a,b)_{\mathbb{T}}}\left(BT_{\alpha}(u_{\alpha_n})(t), u_{\alpha_n}(t)\right)\Delta^{\alpha}t$$

$$-\int_{[a,b)_{\mathbb{T}}}\left(BT_{\alpha}(u_{\alpha_n})(t), u_{\alpha_n}^{\sigma}(t)\right)\Delta^{\alpha}t$$

$$
\begin{aligned}
=&\sum_{j=1}^{\widetilde{p}}\sum_{i=1}^{N}\left(2\int_{0}^{u_{\alpha_n}^{i}(t_j)}I_{ij}(t)\,\mathrm{d}t-I_{ij}(u_{\alpha_n}^{i}(t_j))u_{\alpha_n}^{i}(t_j)\right)\\
&+\int_{[a,b]_{\mathbb{T}}}\left[(\nabla F(\sigma(t),u_{\alpha_n}^{\sigma}(t)),u_{\alpha_n}^{\sigma}(t))-2F(\sigma(t),u_{\alpha_n}^{\sigma}(t))\right]\Delta^{\alpha}t\\
&+\int_{[a,b]_{\mathbb{T}}}\left(BT_{\alpha}(u_{\alpha_n})(t),u_{\alpha_n}(t)\right)\Delta^{\alpha}t\\
&-\int_{[a,b]_{\mathbb{T}}}\left(BT_{\alpha}(u_{\alpha_n})(t),u_{\alpha_n}(t)+\mu(t)t^{\alpha-1}T_{\alpha}(u_{\alpha_n})(t)\right)\Delta^{\alpha}t\\
=&\sum_{j=1}^{\widetilde{p}}\sum_{i=1}^{N}\left(2\int_{0}^{u_{\alpha_n}^{i}(t_j)}I_{ij}(t)\,\mathrm{d}t-I_{ij}(u_{\alpha_n}^{i}(t_j))u_{\alpha_n}^{i}(t_j)\right)\\
&+\int_{[a,b]_{\mathbb{T}}}\left[(\nabla F(\sigma(t),u_{\alpha_n}^{\sigma}(t)),u_{\alpha_n}^{\sigma}(t))-2F(\sigma(t),u_{\alpha_n}^{\sigma}(t))\right]\Delta^{\alpha}t\\
&-\int_{[a,b]_{\mathbb{T}}}\mu(t)t^{\alpha-1}\left(BT_{\alpha}(u_{\alpha_n})(t),T_{\alpha}(u_{\alpha_n})(t)\right)\Delta^{\alpha}t\\
=&\sum_{j=1}^{\widetilde{p}}\sum_{i=1}^{N}\left(2\int_{0}^{u_{\alpha_n}^{i}(t_j)}I_{ij}(t)\,\mathrm{d}t-I_{ij}(u_{\alpha_n}^{i}(t_j))u_{\alpha_n}^{i}(t_j)\right)\\
&+\int_{[a,b]_{\mathbb{T}}}\left[(\nabla F(\sigma(t),u_{\alpha_n}^{\sigma}(t)),u_{\alpha_n}^{\sigma}(t))-2F(\sigma(t),u_{\alpha_n}^{\sigma}(t))\right]\Delta^{\alpha}t\\
\geqslant&-\widetilde{p}NC_{53}+C_{40}\int_{[a,b]_{\mathbb{T}}}|u_{\alpha_n}^{\sigma}|^{\beta}\,\Delta^{\alpha}t\\
&-C_{40}\rho_{2}^{\beta}\left(\int_{[a,b]_{\mathbb{T}}}1\Delta^{\alpha}t\right)-C_{41}\int_{[a,b]_{\mathbb{T}}}b^{\sigma}(t)\,\Delta^{\alpha}t \qquad (7.3.6)
\end{aligned}
$$

对充分大的自然数 n 成立. 至此, 可由 (7.3.6) 式知, $\displaystyle\int_{[a,b]_{\mathbb{T}}}|u_{\alpha_n}^{\sigma}|^{\beta}\,\Delta^{\alpha}t$ 有界. 由已知条件知, β 与 λ 的大小关系分两种情况. 当 $\beta>\lambda$ 时, 由 Hölder 不等式有

$$
\int_{[a,b]_{\mathbb{T}}}|u_{\alpha_n}^{\sigma}|^{\lambda}\,\Delta^{\alpha}t\leqslant\left(\int_{[a,b]_{\mathbb{T}}}1\Delta^{\alpha}t\right)^{\frac{\eta-\lambda}{\eta}}\left(\int_{[a,b]_{\mathbb{T}}}|u_{\alpha_n}^{\sigma}|^{\eta}\,\Delta^{\alpha}t\right)^{\frac{\lambda}{\eta}}. \qquad (7.3.7)
$$

因为 $\xi_{ij}\in[0,1)(i\in\Lambda_1,j\in\Lambda_2)$, 由 (7.3.4) 式和 (7.3.7) 式得, $\{u_{\alpha_n}\}$ 在

$H^{\alpha}_{\Delta;a,b}$ 中有界. 若 $\beta \leqslant \lambda$, 则由定理 2.19 有

$$
\begin{aligned}
\int_{[a,b]_{\mathbb{T}}} |u^{\sigma}_{\alpha_n}(t)|^{\lambda}\,\Delta^{\alpha}t &= \int_{[a,b]_{\mathbb{T}}} |u^{\sigma}_{\alpha_n}(t)|^{\beta}|u^{\sigma}_{\alpha_n}(t)|^{\lambda-\beta}\,\Delta^{\alpha}t \\
&\leqslant \|u_{\alpha_n}\|^{\lambda-\beta}_{\infty} \int_{[a,b)_{\mathbb{T}}} |u^{\sigma}_{\alpha_n}(t)|^{\beta}\,\Delta^{\alpha}t \\
&\leqslant K^{\lambda-\beta}\|u_{\alpha_n}\|^{\lambda-\beta} \int_{[a,b)_{\mathbb{T}}} |u^{\sigma}_{\alpha_n}(t)|^{\beta}\,\Delta^{\alpha}t. \quad (7.3.8)
\end{aligned}
$$

由于 $\xi_{ij} \in [0,1), \lambda - \eta < 2$, (7.3.4) 式和 (7.3.8) 式表明 $\{u_{\alpha_n}\}$ 在 $H^{\alpha}_{\Delta;a,b}$ 中有界. 所以 $\{u_{\alpha_n}\}$ 在 $H^{\alpha}_{\Delta;a,b}$ 中有界. 取 $\{u_{\alpha_n}\}$ 的子列, 不妨仍记为 $\{u_{\alpha_n}\}$, 可假设在 $H^{\alpha}_{\Delta;a,b}$ 中, $u_{\alpha_n} \rightharpoonup u$. 应用嵌入定理 2.20 得

$$
\|u_{\alpha_n} - u\|_{\infty} \to 0, \qquad \int_{[a,b)_{\mathbb{T}}} |u^{\sigma}_{\alpha_n} - u^{\sigma}|^2\,\Delta^{\alpha}t \to 0.
$$

故由 (6.3.5) 式和 (7.3.2) 式有

$$
\begin{aligned}
&\int_{[a,b]_{\mathbb{T}}} |T_{\alpha}(u_{\alpha_n})(t) - T_{\alpha}(u)(t)|^2\,\Delta^{\alpha}t \\
={}& \langle \chi'(u_{\alpha_n}) - \chi'(u), u_{\alpha_n} - u \rangle \\
&- \sum_{j=1}^{\widetilde{p}} \sum_{i=1}^{N} \Big(I_{ij}(u^{i}_{\alpha_n}(t_j)) - I_{ij}(u^{i}(t_j)) \Big)\Big(u^{i}_{\alpha_n}(t_j) - u^{i}(t_j) \Big) \\
&+ \int_{[a,b]_{\mathbb{T}}} \big(A^{\sigma}(t)(u^{\sigma}_{\alpha_n} - u), u^{\sigma}_{\alpha_n} - u^{\sigma} \big)\,\Delta^{\alpha}t \\
&+ 2\int_{[a,b]_{\mathbb{T}}} \big(B(T_{\alpha}(u_{\alpha_n})(t) - T_{\alpha}(u)(t)), u_{\alpha_n} - u \big)\,\Delta^{\alpha}t \\
&+ \int_{[a,b]_{\mathbb{T}}} \big(\nabla F(\sigma(t), u^{\sigma}_{\alpha_n}) - \nabla F(\sigma(t), u^{\sigma}), u^{\sigma}_{\alpha_n} - u^{\sigma} \big)\,\Delta^{\alpha}t \\
\leqslant{}& \|\chi'(u_{\alpha_n})\|\|u_{\alpha_n} - u\| - \langle \chi'(u), u_{\alpha_n} - u \rangle \\
&- \sum_{j=1}^{\widetilde{p}} \sum_{i=1}^{N} \Big(I_{ij}(u^{i}_{\alpha_n}(t_j)) - I_{ij}(u^{i}(t_j)) \Big)\Big(u^{i}_{\alpha_n}(t_j) - u^{i}(t_j) \Big) \\
&+ C_{38}\int_{[a,b]_{\mathbb{T}}} |u^{\sigma}_{\alpha_n}(t) - u^{\sigma}(t)|^2\,\Delta^{\alpha}t + \frac{\widetilde{b}N}{2}\int_{[a,b]_{\mathbb{T}}} |u^{\sigma}_{\alpha_n}(t) - u^{\sigma}(t)|^2\,\Delta^{\alpha}t
\end{aligned}
$$

$$+\frac{1}{4}\int_{[a,b)_{\mathbb{T}}}\left|T_\alpha(u_{\alpha_n})(t)-T_\alpha(u)(t)\right|^2\Delta^\alpha t$$

$$+\|u_{\alpha_n}-u\|_\infty\int_{[a,b)_{\mathbb{T}}}\left|\nabla F(\sigma(t),u_{\alpha_n}^\sigma(t))-\nabla F(\sigma(t),u^\sigma(t))\right|\Delta^\alpha t.$$

这表明

$$\int_{[a,b)_{\mathbb{T}}}\left|T_\alpha(u_{\alpha_n})(t)-T_\alpha(u)(t)\right|^2\Delta^\alpha t\to 0,$$

故 $\|u_{\alpha_n}-u\|\to 0$. 即 χ 满足 (C)* 条件. ∎

现在, 我们开始证明定理 7.2.

定理 7.2 证明   由定理 7.1, $\chi\in C^1(X,\mathbb{R})$. 为应用引理 6.1 证明定理 7.2, 令 $X=H_{\Delta;a,b}^\alpha, X^1=H_2^+$, $(e_n)_{n\geqslant 1}$ 为 X^1 的 Hilbert 基, $X^2=H_2^-\bigoplus H_2^0$, 定义

$$X_n^1=\operatorname{span}\{e_1,e_2,\cdots,e_n\},\quad n\in\mathbb{N},$$

$$X_n^2=X^2,\quad n\in\mathbb{N},$$

则有

$$X_0^1\subset X_1^1\subset\cdots\subset X^1,\quad X_0^2\subset X_1^2\subset\cdots\subset X^2,$$

$$X^1=\overline{\bigcup_{n\in\mathbb{N}}X_n^1},\quad X^2=\overline{\bigcup_{n\in\mathbb{N}}X_n^2},$$

和

$$\dim X_n^1<+\infty,\quad \dim X_n^2<+\infty,\quad n\in\mathbb{N}.$$

下面分四步证明定理 7.2.

首先, 由引理 7.3, χ 满足 (C)* 条件.

其次, 我们断言 χ 将有界集映为有界集.

事实上, 由 (7.2.2) 式和 (6.3.4) 式、(6.3.5) 式、(7.3.2) 式、(7.3.3) 式, 有

$$
\begin{aligned}
|\chi(u)| \leqslant & \left| \frac{1}{2} \int_{[a,b]_{\mathbb{T}}} |T_\alpha(u)(t)|^2 \,\Delta \mathrm{d}t + \overline{\phi}(u) + \int_{[a,b]_{\mathbb{T}}} \left(Bu^\sigma(t), T_\alpha(u)(t) \right) \Delta^\alpha t \right| \\
& + \left| -\frac{1}{2} \int_{[a,b]_{\mathbb{T}}} \left(A^\sigma(t) u^\sigma(t), u^\sigma(t) \right) \Delta^\alpha t + J(u) \right| \\
\leqslant & \frac{1}{2} \int_{[a,b]_{\mathbb{T}}} |T_\alpha(u)(t)|^2 \,\Delta^\alpha t + \frac{C_{38}}{2} \int_{[a,b]_{\mathbb{T}}} |u^\sigma(t)|^2 \,\Delta^\alpha t \\
& + \overline{\beta}\widetilde{p}NK\|u\| + \overline{\gamma}K^{\xi_{ij}+1} \sum_{j=1}^{\widetilde{p}} \sum_{i=1}^{N} \|u\|^{\xi_{ij}+1} \\
& + \frac{\widetilde{b}N}{2} \int_{[a,b]_{\mathbb{T}}} |u^\sigma(t)|^2 \,\Delta^\alpha t + \frac{1}{4} \int_{[a,b]_{\mathbb{T}}} |T_\alpha(u)(t)|^2 \,\Delta^\alpha t \\
& + C_{37} \int_{[a,b]_{\mathbb{T}}} |u^\sigma(t)|^\lambda \,\Delta^\alpha t + C_{39} \\
\leqslant & \left(C_{38}K^2 + \widetilde{b}NK^2 + 2 \right)\|u\|^2 + \overline{\beta}\widetilde{p}NK\|u\| \\
& + \overline{\gamma}K^{\xi_{ij}+1} \sum_{j=1}^{\widetilde{p}} \sum_{i=1}^{N} \|u\|^{\xi_{ij}+1} + C_{37} \left(\int_{[a,b]_{\mathbb{T}}} 1\Delta^\alpha t \right) \|u\|_\infty^\lambda + C_{39} \\
\leqslant & \left(C_{38}K^2 + \widetilde{b}NK^2 + 2 \right)\|u\|^2 + \overline{\beta}\widetilde{p}NK\|u\| \\
& + \overline{\gamma}K^{\xi_{ij}+1} \sum_{j=1}^{\widetilde{p}} \sum_{i=1}^{N} \|u\|^{\xi_{ij}+1} + C_{37} \left(\int_{[a,b]_{\mathbb{T}}} 1\Delta^\alpha t \right) K^\lambda \|u\|^\lambda + C_{39}
\end{aligned}
$$

对一切 $u \in H_{\Delta;a,b}^\alpha$ 成立. 故 χ 将有界集映为有界集.

再次, 我们指出 χ 在 0 处关于 (X^1, X^2) 局部环绕.

事实上, 应用条件 (H_{12}), 对给定的 $\epsilon_3 = \dfrac{\eta}{4K^2}$, 存在 $\rho_7 > 0$ 使得当 $|x| \leqslant \rho_7$ 和 Δ-几乎处处的 $t \in [a,b]_{\mathbb{T}}$ 时, 有

$$
|F(t,x)| \leqslant \epsilon_3 |x|^2. \tag{7.3.9}
$$

又因为条件 (H_{22}), 对给定的 $\epsilon_4 = \dfrac{\eta}{4\widetilde{p}NK^2}$, 存在 $\rho_8 > 0$ 使得

$$|I_{ij}(t)| \leqslant \epsilon_4|t|, \quad |t| \leqslant \rho_8,\ i \in \Lambda_1, j \in \Lambda_2. \tag{7.3.10}$$

命 $\rho_9 = \min\{\rho_7, \rho_8\}$. 当 $u \in X^1$ 且 $\|u\| \leqslant r_6 \triangleq \dfrac{\rho_9}{K}$ 时, 由 (7.2.2) 式、(7.2.6) 式、(7.3.9) 式、(7.3.10) 式和定理 2.19, 有

$$\chi(u) = \omega(u) + \sum_{j=1}^{\widetilde{p}}\sum_{i=1}^{N}\int_0^{u^i(t_j)} I_{ij}(t)\,\mathrm{d}t - \int_{[a,b)_\mathbb{T}} F(\sigma(t), u^\sigma(t))\,\Delta^\alpha t$$

$$\geqslant \eta\|u\|^2 - \sum_{j=1}^{\widetilde{p}}\sum_{i=1}^{N}\int_0^{|u^i(t_j)|}\big|I_{ij}(t)\big|\,\mathrm{d}t - \epsilon_3\int_{[a,b)_\mathbb{T}}|u^\sigma(t)|^2\,\Delta^\alpha t$$

$$\geqslant \eta\|u\|^2 - \sum_{j=1}^{\widetilde{p}}\sum_{i=1}^{N}\int_0^{|u^i(t_j)|}\epsilon_2|t|\,\mathrm{d}t - \epsilon_3\int_{[a,b)_\mathbb{T}}|u^\sigma(t)|^2\,\Delta^\alpha t$$

$$\geqslant \eta\|u\|^2 - \epsilon_4\sum_{j=1}^{\widetilde{p}}\sum_{i=1}^{N}\|u\|_\infty^2 - \epsilon_3\int_{[a,b)_\mathbb{T}}|u^\sigma(t)|^2\,\Delta^\alpha t$$

$$\geqslant \eta\|u\|^2 - \epsilon_4\widetilde{p}NK^2\|u\|^2 - \epsilon_3K^2\|u\|^2$$

$$\geqslant \eta\|u\|^2 - \frac{\eta}{4}\|u\|^2 - \frac{\eta}{4}\|u\|^2$$

$$= \frac{\eta}{2}\|u\|^2.$$

此不等式说明

$$\chi(u) \geqslant 0, \quad \forall\, u \in X^1\ \|u\| \leqslant r_6.$$

除此之外, 由条件 (H_{21}) 得

$$\overline{\phi}(u) \leqslant 0 \tag{7.3.11}$$

对一切 $u \in H_{\Delta;a,b}^\alpha$ 成立. 当 $u = u^- + u^0 \in X^2$ 满足 $\|u\| \leqslant r_2$ 时, 应用 (7.2.2) 式、(7.2.5) 式、(7.3.11) 式、条件 (H_{14}) 和定理 2.19, 有

$$\chi(u) = \omega(u) + \overline{\phi}(u) - \int_{[a,b)_\mathbb{T}} F(\sigma(t), u^\sigma(t))\,\Delta^\alpha t$$

$$\leqslant -\eta \|u^-\|^2 - \int_{[a,b)_{\mathbb{T}}} F(\sigma(t), u^{\sigma}(t)) \, \Delta^{\alpha} t$$

$$\leqslant -\eta \|u^-\|^2.$$

此不等式表明

$$\chi(u) \leqslant 0, \quad \forall \, u \in X^2, \ \|u\| \leqslant r_2.$$

令 $r_7 = \min\{r_2, r_6\}$, 则 χ 在 0 处关于 (X^1, X^2) 局部环绕.

最后, 我们验证对每个固定的 $n \in \mathbb{N}$, 当 $\|u\| \to \infty, u \in X_n^1 \bigoplus X^2$ 时,

$$\chi(u) \to -\infty.$$

对给定的自然数 n, 因为 $\dim(X_n^1 \bigoplus X^2) < +\infty$, 所以存在 $C_{54} > 0$ 使得

$$\|u\| \leqslant C_{54} \left(\int_{[a,b)_{\mathbb{T}}} |u^{\sigma}(t)|^2 \, \Delta^{\alpha} t \right)^{\frac{1}{2}}, \quad u \in X_n^1 \bigoplus X^2. \tag{7.3.12}$$

根据条件 (H_{11}), 存在 $\rho_{10} > 0$ 使得

$$F(t, x) \geqslant C_{54}^2 \left(C_{38} K^2 + \widetilde{b} N K^2 + 2 + \eta \right) |x|^2 \tag{7.3.13}$$

对所有的 $|x| \geqslant \rho_{10}$ 和 Δ-几乎处处的 $t \in [a,b]_{\mathbb{T}}$ 成立. 而当 $|x| \leqslant \rho_{10}$ 和 Δ-几乎处处的 $t \in [a,b]_{\mathbb{T}}$ 时, 由条件 (A), 有

$$|F(t, x)| \leqslant \max_{s \in [0, \rho_{10}]} a(s) b(t). \tag{7.3.14}$$

(7.3.13) 式和 (7.3.14) 式蕴含

$$F(t, x) \geqslant C_{54}^2 \left(C_{38} K^2 + \widetilde{b} N K^2 + 2 + \eta \right) |x|^2$$
$$- C_{55} - \max_{s \in [0, \rho_{10}]} a(s) b(t) \tag{7.3.15}$$

对一切 $x \in \mathbb{R}^N$ 和 Δ-几乎处处的 $t \in [a,b]_{\mathbb{T}}$ 成立, 其中,

$$C_{55} = C_{54}^2 \left(C_{38} + \frac{\widetilde{b} N}{2} + \frac{1}{2} + \eta \right) \rho_{10}^2.$$

对

$$u = u^+ + u^0 + u^- \in X_n^1 \bigoplus X^2 = X_n^1 \bigoplus H_2^0 \bigoplus H_2^-,$$

综合 (7.2.2) 式、(7.2.5) 式、(6.3.5) 式、(7.3.3) 式、(7.3.11) 式和 (7.3.15) 式, 有

$$
\begin{aligned}
\chi(u) = &\frac{1}{2} \int_{[a,b)_{\mathbb{T}}} |T_\alpha(u)(t)|^2 \, \Delta^\alpha t + \overline{\phi}(u) + \int_{[a,b)_{\mathbb{T}}} \left(Bu^\sigma(t), T_\alpha(u)(t) \right) \Delta^\alpha t \\
&- \frac{1}{2} \int_{[a,b)_{\mathbb{T}}} \left(A^\sigma(t) u^\sigma(t), u^\sigma(t) \right) \Delta^\alpha t - \int_{[a,b)_{\mathbb{T}}} F(\sigma(t), u^\sigma(t)) \, \Delta^\alpha t \\
\leqslant &-\eta \|u^-\|^2 + \frac{1}{2} \int_{[a,b)_{\mathbb{T}}} |T_\alpha(u^+)(t)|^2 \, \Delta^\alpha t \\
&+ \int_{[a,b)_{\mathbb{T}}} \left(B(u^+)^\sigma(t), T_\alpha(u^+)(t) \right) \Delta^\alpha t \\
&- \frac{1}{2} \int_{[a,b)_{\mathbb{T}}} \left(A^\sigma(t)(u^+)^\sigma(t), (u^+)^\sigma(t) \right) \Delta^\alpha t \\
&- \int_{[a,b)_{\mathbb{T}}} F(\sigma(t), u^\sigma(t)) \, \Delta^\alpha t \\
\leqslant &-\eta \|u^-\|^2 + \frac{1}{2} \int_{[a,b)_{\mathbb{T}}} |T_\alpha(u^+)(t)|^2 \, \Delta^\alpha t + \frac{\widetilde{b}N}{2} \int_{[a,b)_{\mathbb{T}}} |(u^+)^\sigma(t)|^2 \, \Delta^\alpha t \\
&+ \frac{1}{4} \int_{[a,b)_{\mathbb{T}}} |T_\alpha(u^+)(t)|^2 \, \Delta^\alpha t + \frac{C_{38}}{2} \int_{[a,b)_{\mathbb{T}}} |(u^+)^\sigma(t)|^2 \, \Delta^\alpha t \\
&- \int_{[a,b)_{\mathbb{T}}} F(\sigma(t), u^\sigma(t)) \, \Delta^\alpha t \\
\leqslant &-\eta \|u^-\|^2 + \frac{1}{2}(C_{38}K^2 + \widetilde{b}NK^2 + 2)\|u^+\|^2 \\
&- C_{54}^2(C_{38}K^2 + \widetilde{b}NK^2 + 2 + \eta)\|u\|_{L_{\alpha,\Delta}^2}^2 + C_{55} \int_{[a,b)_{\mathbb{T}}} 1 \Delta^\alpha t + C_{56} \\
\leqslant &-\eta \|u^-\|^2 + (C_{38}K^2 + \widetilde{b}NK^2 + 2)\|u^+\|^2 \\
&- (C_{38}K^2 + \widetilde{b}NK^2 + 2 + \eta)\|u\|^2 \\
&+ C_{55} \int_{[a,b)_{\mathbb{T}}} 1 \Delta^\alpha t + C_{56}
\end{aligned}
$$

$$= -\eta\|u^-\|^2 + (C_{38}K^2 + \widetilde{b}NK^2 + 2)\|u^+\|^2$$

$$-(C_{38}K^2 + \widetilde{b}NK^2 + 2 + \eta)\|u^+ + u^0 + u^-\|^2$$

$$+ C_{55}\int_{[a,b)_\mathbb{T}} 1\Delta^\alpha t + C_{56}$$

$$\leqslant -\eta\|u^-\|^2 + (C_{38}K^2 + \widetilde{b}NK^2 + 2)\|u^+\|^2$$

$$-(C_{38}K^2 + \widetilde{b}NK^2 + 2 + \eta)\|u^+\|^2$$

$$-\eta\|u^0 + u^-\|^2 + C_{55}\int_{[a,b)_\mathbb{T}} 1\Delta^\alpha t + C_{56}$$

$$\leqslant -\eta\|u^-\|^2 + (C_{38}K^2 + \widetilde{b}NK^2 + 2)\|u^+\|^2$$

$$-(C_{38}K^2 + \widetilde{b}NK^2 + 2 + \eta)\|u^+\|^2 - \eta\|u^0\|^2 + C_{55}\int_{[a,b)_\mathbb{T}} 1\Delta^\alpha t + C_{56}$$

$$= -\eta\|u\|^2 + C_{55}\int_{[a,b)_\mathbb{T}} 1\Delta^\alpha t + C_{56},$$

其中,

$$C_{56} = \max_{s\in[0,\rho_{10}]} a(s)\int_{[a,b)_\mathbb{T}} b^\sigma(t)\,\Delta^\alpha t.$$

因此, 对固定的自然数 n, 当 $u \in X_n^1 \bigoplus X^2$ 且 $\|u\| \to \infty$ 时, $\chi(u) \to -\infty$.

综上, 根据引理 6.1 知, 问题 (7.1.1) 至少有两个解, 一个是非平凡解和, 另一个是零解. ∎

例 7.1   当 $\mathbb{T} = \mathbb{R}, N = 5, a = 2, b = 7, t_1 = \pi, t_2 = 2\pi$. 考虑如下经典的脉冲阻尼振动问题

$$\begin{cases} \ddot{u}(t) + 2B\dot{u}(t) + A(t)u(t) + \nabla F(t,x) = 0, & \text{a.e. } t \in [2,7], \\ u(2) - u(7) = \dot{u}(2) - \dot{u}(7) = 0, & \\ \dot{u}^i(t_j^+) - \dot{u}^i(t_j^-) = I_{ij}(u^i(t_j)). & i = 1,2,3,4,5, j = 1,2, \end{cases} \quad (7.3.16)$$

其中 $A(t)$ 为五阶单位阵,

$$B = \begin{pmatrix} 0 & -4 & -3 & -2 & -1 \\ 4 & 0 & -7 & -8 & -3 \\ 3 & 7 & 0 & -2 & -9 \\ 2 & 8 & 2 & 0 & -1 \\ 1 & 3 & 9 & 1 & 0 \end{pmatrix}$$

$$F(t,x) = |x|^6, \quad x \in \mathbb{R}^5, \quad t \in \mathbb{R},$$

$$I_{ij}(t) = \begin{cases} 0, & t \geqslant 5, \\ -(t-5)^5, & 4 \leqslant t < 5, \\ t-2, & 1 < t < 4, \\ -t^5, & |t| \leqslant 1, \\ t+2, & -4 < t < -1, \\ -(t+5)^5, & -5 < t \leqslant -4, \\ 0, & t \leqslant -5, \end{cases}$$

$i = 1,2,3,4,5, j = 1,2.$ 因为 $\lambda = \eta = 6, \beta_{ij} = \gamma_{ij} = 1, \xi_{ij} = 5, \zeta_{ij} = 4(i = 1,2,3,4,5, j = 1,2)$, 经验证, 定理 7.2 的所有条件均满足, 所以由定理 7.2 知, 问题 (7.3.16) 至少有一个非平凡解. ∎

定理 7.3 若定理 6.4 中的条件 (H_{11}), (H_{13}), 定理 6.5 中的条件 (H_{15}), (H_{17}) 以及定理 7.2 中的条件 (H_{20}), (H_{21}), (H_{22}) 成立, 则问题 (7.1.1) 至少有一个非平凡解.

证明 为了应用引理 6.2 证明该定理, 我们令

$$E = H^\alpha_{\Delta;a,b}, \quad E_1 = H_2^+, \quad E_2 = H_2^- \bigoplus H_2^0.$$

此时, E 为 Hilbert 空间, $E = E_1 \bigoplus E_2, E_2 = E_1^\perp$ 且有 $\dim E_2 < +\infty$.

和引理 7.2 的证明一样, 我们可证明 χ 满足 (C) 条件.

另外, 对 $\epsilon_5 = \dfrac{3\eta}{8K1^2}$, 由条件 (H_{15}) 可知, 存在 $\rho_{11} > 0 (\rho_{11} < \rho_1)$ 使得对 $|x| < \rho_{11}$ 和 Δ-几乎处处的 $t \in [a,b]_{\mathbb{T}}$, 有

$$F(t,x) \leqslant \epsilon_5 |x|^2, \tag{7.3.17}$$

而又根据条件 (H_{22}), 对 $\epsilon_6 = \dfrac{\delta}{8\widetilde{p}NK^2}$, 存在 $\rho_{12} > 0$ 使得

$$|I_{ij}(t)| \leqslant \epsilon_6 |t|, \quad |t| \leqslant \rho_{12}, i \in \Lambda_1, j \in \Lambda_2. \tag{7.3.18}$$

命 $\rho_{13} = \dfrac{1}{2}\min\{\rho_{11}, \rho_{12}\}$, 则对 $u \in E_1$ 且 $\|u\| \leqslant r_8 \triangleq \dfrac{\rho_{13}}{K}$, 由 (7.2.2) 式、(7.2.6) 式、(7.3.17) 式和 (7.3.18) 式和定理 2.19, 有

$$
\begin{aligned}
\chi(u) &= \omega(u) + \sum_{j=1}^{\widetilde{p}}\sum_{i=1}^{N}\int_0^{u^i(t_j)} I_{ij}(t)\,\mathrm{d}t - \int_{[a,b)_{\mathbb{T}}} F(\sigma(t), u^\sigma(t))\,\Delta^\alpha t \\
&\geqslant \eta\|u\|^2 - \sum_{j=1}^{\widetilde{p}}\sum_{i=1}^{N}\int_0^{|u^i(t_j)|}\big|I_{ij}(t)\big|\,\mathrm{d}t - \epsilon_5\int_{[a,b)_{\mathbb{T}}}|u^\sigma(t)|^2\,\Delta^\alpha t \\
&\geqslant \eta\|u\|^2 - \sum_{j=1}^{\widetilde{p}}\sum_{i=1}^{N}\int_0^{|u^i(t_j)|}\epsilon_6 |t|\,\mathrm{d}t - \epsilon_5\int_{[a,b)_{\mathbb{T}}}|u^\sigma(t)|^2\,\Delta^\alpha t \\
&\geqslant \eta\|u\|^2 - \epsilon_6\sum_{j=1}^{\widetilde{p}}\sum_{i=1}^{N}\|u\|_\infty^2 - \epsilon_5\int_{[a,b)_{\mathbb{T}}}|u^\sigma(t)|^2\,\Delta^\alpha t \\
&\geqslant \eta\|u\|^2 - \epsilon_6\widetilde{p}NK^2\|u\|^2 - \epsilon_5 K^2\|u\|^2 \\
&\geqslant \eta\|u\|^2 - \frac{\eta}{8}\|u\|^2 - \frac{3\eta}{8}\|u\|^2 \\
&= \frac{\eta}{2}\|u\|^2.
\end{aligned}
$$

因此,

$$\chi(u) \geqslant \frac{\eta\rho_{13}}{2} \triangleq \sigma > 0, \quad \forall u \in E_1, \ \|u\| = \rho_{13}. \tag{7.3.19}$$

不但如此, 由定理 6.3 知, J' 为紧算子. 因而, 由 (7.2.4) 式、(7.3.19) 式和引理 7.1 知 χ 满足引理 6.2 中的条件 (I_5), (I_6) 和 $(I_7)(i)$, 其中,

$$S = \partial B_{\rho_{13}} \cap E_1.$$

令 $e \in E_1 \cap \partial B_1, r_9 > \rho_{13}, r_{10} > 0, Q = \{se : s \in (0, r_9)\} \bigoplus (B_{r_{10}} \cap E_2)$ 且 $\widetilde{E} = \mathrm{span}\,\{e\} \bigoplus E_2$. 那么 S 和 ∂Q 环绕, 其中 $B_{r_{10}} = \{u \in E : \|u\| \leqslant r_{10}\}$. 再令

$$Q_1 = \{u \in E_2 : \|u\| \leqslant r_{10}\}, \quad Q_2 = \{r_9 e + u : u \in E_2, \|u\| \leqslant r_{10}\},$$

$$Q_3 = \{se + u : s \in [0, r_9], u \in E_2, \|u\| = r_{10}\},$$

那么 $\partial Q = Q_1 \cup Q_2 \cup Q_3$.

(7.2.4) 式、(7.2.5) 式、(7.3.11) 式和条件 (H_{24}) 说明 $\chi|_{Q_1} \leqslant 0$. 对每个 $r_9 e + u \in Q_2$, 有 $u = u^0 + u^- \in E_2$ 且 $\|u\| \leqslant r_{10}$. 因此, 存在 $C_{57} > 0$ 使得

$$\|r_9 e + u\|_\infty \leqslant C_{57}, \quad \forall r_9 e + u \in Q_2. \tag{7.3.20}$$

而利用条件 (H_{11}) 知, 对足够大的常数 $C_{58} > 0$, 存在 $\rho_{14} > 0$ 使得

$$F(t, x) \geqslant C_{58}|x|^2, \quad \forall |x| \geqslant \rho_{14}, \Delta\text{-a.e. } t \in [a, b]_\mathbb{T}. \tag{7.3.21}$$

根据有限维空间范数间的等价性和 (7.3.20) 式、(7.3.21) 式和条件 (H_{17}) 得, 存在 $C_{59} > 0$ 使得

$$\int_{[a,b)_\mathbb{T}} F(\sigma(t), r_9 e^\sigma(t) + u^\sigma(t))\, \Delta^\alpha t$$
$$\geqslant C_{58} \int_{[a,b)_\mathbb{T}} |r_9 e^\sigma(t) + u^\sigma(t)|^2\, \Delta^\alpha t - C_{58} C_{57}^2 \int_{[a,b)_\mathbb{T}} 1 \Delta^\alpha t$$
$$\geqslant C_{58} C_{59} \|r_9 e + u\|^2 - C_{58} C_{57}^2 \int_{[a,b)_\mathbb{T}} 1 \Delta^\alpha t$$

$$= C_{58}C_{59}(r_9^2 + \|u\|^2) - C_{58}C_{57}^2 \int_{[a,b)_{\mathbb{T}}} 1\Delta^\alpha t. \tag{7.3.22}$$

从而, 由 (7.3.11) 式和 (7.3.22) 式, 有

$$\begin{aligned}
\chi(r_9 e + u) &= \frac{r_9^2}{2}\langle (I_{H^\alpha_{\Delta;a,b}} - K_2)e, e\rangle + \frac{1}{2}\langle (I_{H^\alpha_{\Delta;a,b}} - K_2)u, u\rangle + \overline{\phi}(r_9 e + u) \\
&\quad - \int_{[a,b)_{\mathbb{T}}} F(\sigma(t), r_9 e^\sigma(t) + u^\sigma(t))\,\Delta^\alpha t \\
&\leqslant \frac{r_9^2}{2}\|I_{H^\alpha_{\Delta;a,b}} - K_2\| - \delta\|u^-\|^2 - C_{58}C_{59}(r_9^2 + \|u\|^2) \\
&\quad + C_{58}C_{57}^2 \int_{[a,b)_{\mathbb{T}}} 1\Delta^\alpha t \\
&\leqslant -(C_{58}C_{59} - \frac{1}{2}\|I_{H^\alpha_{\Delta;a,b}} - K_2\|)r_9^2 + C_{58}C_{57}^2 \int_{[a,b)_{\mathbb{T}}} 1\Delta^\alpha t \\
&\leqslant 0
\end{aligned}$$

对足够大的 $C_{58} > 0$ 和 $r_9 > \rho_{13}$ 成立.

再者, 对每个 $se + u \in Q_3$, 有 $s \in [0, r_9], u \in E_2$ 且 $\|u\| = r_{10}$. 故存在 $C_{60} > 0$ 使得

$$\|se + u\|_\infty \leqslant C_{60}, \quad \forall se + u \in Q_3. \tag{7.3.23}$$

根据有限维空间范数间的等价性 (6.3.21) 式、(7.3.23) 式和条件 (H_{17}), 有

$$\begin{aligned}
&\int_{[a,b)_{\mathbb{T}}} F(\sigma(t), se^\sigma(t) + u^\sigma(t))\,\Delta^\alpha t \\
&\geqslant C_{58}\int_{[a,b)_{\mathbb{T}}} |se^\sigma(t) + u^\sigma(t)|^2\,\Delta^\alpha t - C_{58}C_{60}^2\int_{[a,b)_{\mathbb{T}}} 1\Delta^\alpha t \\
&\geqslant C_{58}C_{59}\|se + u\|^2 - C_{58}C_{60}^2\int_{[a,b)_{\mathbb{T}}} 1\Delta^\alpha t \\
&= C_{58}C_{59}(s^2 + \|u\|^2) - C_{58}C_{60}^2\int_{[a,b)_{\mathbb{T}}} 1\Delta^\alpha t
\end{aligned}$$

$$= C_{58}C_{59}(s^2 + r_{10}^2) - C_{58}C_{60}^2 \int_{[a,b)_{\mathbb{T}}} 1\Delta^\alpha t. \tag{7.3.24}$$

因此, 应用 (7.3.11) 式和 (7.3.24) 式, 有

$$
\begin{aligned}
\chi(se + u) &= \frac{s^2}{2}\langle (I_{H_{\Delta;a,b}^\alpha} - K_2)e, e\rangle + \frac{1}{2}\langle (I_{H_{\Delta;a,b}^\alpha} - K_2)u, u\rangle + \overline{\phi}(se + u) \\
&\quad - \int_{[a,b)_{\mathbb{T}}} F(\sigma(t), se^\sigma(t) + u^\sigma(t))\, \Delta^\alpha t \\
&\leqslant \frac{s^2}{2}\|I_{H_{\Delta;a,b}^\alpha} - K_2\| - \eta\|u^-\|^2 - C_{58}C_{59}(s^2 + r_{10}^2) \\
&\quad + C_{58}C_{60}^2 \int_{[a,b)_{\mathbb{T}}} 1\Delta^\alpha t \\
&\leqslant -\left(C_{58}C_{59} - \frac{1}{2}\|I_{H_{\Delta;a,b}^\alpha} - K_2\|\right)s^2 - C_{58}C_{59}r_{10}^2 \\
&\quad + C_{58}C_{57}^2 \int_{[a,b)_{\mathbb{T}}} 1\Delta^\alpha t \\
&\leqslant 0
\end{aligned}
$$

对足够大的 $C_{58} > 0$ 和 $r_{10} > 0$ 成立.

综上所述, χ 满足引理 6.2 的所有条件. 所以 χ 存在临界值 $c \geqslant \sigma > 0$, 这意味着问题 (7.1.1) 至少有一个非平凡解. ∎

注 7.2 满足条件 (A), (H₁₁), (H₁₃), (H₁₅) 和 (H₁₇) 的函数很多, 如 $F(t, x) = (t^2 + 2016)|x|^8$.

接下来, 我们陈述两个多解性结果.

定理 7.4 若条件 (H₁₁), (H₁₃), (H₁₅), (H₁₈), (H₂₂) 及条件

(F₂₃) $I_{ij}\,(i \in \Lambda_1, j \in \Lambda_2)$ 为奇函数

成立, 则问题 (7.1.1) 有一个无界的解序列.

证明 我们试图应用引理 6.3 证明该定理. 令 $E = H_{\Delta;a,b}^\alpha, W = H_2^+, V = H_2^- \bigoplus H_2^0$, 则有 $E = V \bigoplus W$, $\dim V < +\infty$ 且 $\chi \in C^1(E, \mathbb{R})$. 如同引理 7.2 的证明, 可证明 χ 满足条件 (C). 类似于定理 7.3 的证明过

程可得

$$\chi(u) \geqslant \sigma, \quad \forall\, u \in W, \quad \|u\| = \rho_{13}.$$

针对空间 E 的有限维子空间 $\widetilde{E}$, 由有限维空间范数的等价性知, 存在常数 $C_{61} > 0$ 使得

$$\int_{[a,b)_{\mathbb{T}}} |u^\sigma(t)|^2\, \Delta^\alpha t \geqslant C_{61}\|u\|^2, \quad \forall u \in \widetilde{E}. \tag{7.3.25}$$

令 $C_{62} = (C_{38}K^2 + \widetilde{b}NK^2 + 2)$. 则由条件 (H_{11}) 知, 存在 $\rho_{15} > 0$ 使得当 $|x| \geqslant \rho_{15}$ 时,

$$F(t,x) \geqslant C_{62}|x|^2 \tag{7.3.26}$$

对 Δ-几乎处处的 $t \in [a,b]_{\mathbb{T}}$ 成立. 注意到条件 (A) 和 (6.3.26) 式, 有

$$F(t,x) \geqslant C_{62}|x|^2 - C_{62}\rho_{11}^2 - C_{63}b(t) \tag{7.3.27}$$

对一切 $x \in R^N$ 和 Δ-几乎处处的 $t \in [a,b]_{\mathbb{T}}$ 成立, 其中 $C_{63} = \max\limits_{s \in [0, \rho_{15}]} a(s)$. 因此, 结合 (6.3.5) 式、(7.2.2) 式、(7.3.2) 式、(7.3.3) 式、(7.3.25) 式和 (7.3.27) 式, 对每个 $u \in \widetilde{E}$, 有

$$\begin{aligned}
\chi(u) = {} & \frac{1}{2}\int_{[a,b)_{\mathbb{T}}} |T_\alpha(u)(t)|^2\, \Delta^\alpha t + \overline{\phi}(u) + \int_{[a,b)_{\mathbb{T}}} \left(Bu^\sigma(t), T_\alpha(u)(t)\right) \Delta^\alpha t \\
& - \frac{1}{2}\int_{[a,b)_{\mathbb{T}}} \left(A^\sigma(t)u^\sigma(t), u^\sigma(t)\right) \Delta^\alpha t - \int_{[a,b)_{\mathbb{T}}} F(\sigma(t), u^\sigma(t))\, \Delta^\alpha t \\
\leqslant {} & \frac{1}{2}\int_{[a,b)_{\mathbb{T}}} |T_\alpha(u)(t)|^2\, \Delta^\alpha t + \frac{C_{38}}{2}\int_{[a,b)_{\mathbb{T}}} |u^\sigma(t)|^2\, \Delta^\alpha t + \overline{\beta}\widetilde{p}NK\|u\| \\
& + \overline{\gamma}K^{\xi_{ij}+1}\sum_{j=1}^{\widetilde{p}}\sum_{i=1}^{N} \|u\|^{\xi_{ij}+1} + \frac{\widetilde{b}N}{2}\int_{[a,b)_{\mathbb{T}}} |u^\sigma(t)|^2\, \Delta^\alpha t \\
& + \frac{1}{4}\int_{[a,b)_{\mathbb{T}}} |T_\alpha(u)(t)|^2\, \Delta^\alpha t
\end{aligned}$$

$$-C_{62}\int_{[a,b)_{\mathbb{T}}}|u^\sigma(t)|^2\,\Delta^\alpha t+C_{61}\rho_{15}^2\int_{[a,b)_{\mathbb{T}}}1\Delta^\alpha t$$

$$+C_{63}\int_{[a,b)_{\mathbb{T}}}b^\sigma(t)\,\Delta^\alpha t$$

$$\leqslant\frac{1}{2}\int_{[a,b)_{\mathbb{T}}}|T_\alpha(u)(t)|^2\,\Delta^\alpha t+\frac{C_{38}}{2}\int_{[a,b)_{\mathbb{T}}}|u^\sigma(t)|^2\,\Delta^\alpha t+\overline{\beta}\widetilde{p}NK\|u\|$$

$$+\overline{\gamma}K^{\xi_{ij}+1}\sum_{j=1}^{\widetilde{p}}\sum_{i=1}^{N}\|u\|^{\xi_{ij}+1}+\frac{\widetilde{b}N}{2}\int_{[a,b)_{\mathbb{T}}}|u^\sigma(t)|^2\,\Delta^\alpha t$$

$$+\frac{1}{4}\int_{[a,b)_{\mathbb{T}}}|T_\alpha(u)(t)|^2\,\Delta^\alpha t-C_{62}C_{61}\|u\|^2$$

$$+C_{62}\rho_{15}^2\int_{[a,b)_{\mathbb{T}}}1\Delta^\alpha t+C_{64}$$

$$\leqslant\frac{1}{2}\big(C_{38}K^2+\widetilde{b}NK^2+2-2C_{62}\big)\|u\|^2+\overline{\beta}\widetilde{p}NK\|u\|$$

$$+\overline{\gamma}K\sum_{j=1}^{\widetilde{p}}\sum_{i=1}^{N}\|u\|^{\xi_{ij}+1}+C_{62}\rho_{11}^2\int_{[a,b)_{\mathbb{T}}}1\Delta^\alpha t+C_{64},$$

其中,

$$C_{64}=C_{63}\int_{[a,b)_{\mathbb{T}}}b^\sigma(t)\,\Delta^\alpha t,$$

因此, 当 $u\in\widetilde{E}$, $\|u\|\to\infty$ 时,

$$\chi(u)\to-\infty. \tag{7.3.28}$$

这意味着存在 $R=R_{(\widetilde{E})}>0$ 使得

$$\chi(u)\leqslant 0,\quad\forall u\in\widetilde{E}\backslash B_R.$$

此外, 由条件 (H$_{18}$) 和 (H$_{23}$) 易知, χ 为偶泛函且 $\chi(0)=0$. 至此, 引理 6.3 的每一条件均满足, 故 χ 有一个临界点序列 $\{u_n\}\subset E$ 使得 $|\chi(u_n)|\to\infty$. 我们断言 $\{u_n\}$ 无界. 若不然, 根据 χ 的定义, $\{|\chi(u_n)|\}$ 也有界, 矛盾. ∎

注 7.3　满足条件 (A), (H_{11}), (H_{13}), (H_{15}) 和 (H_{18}) 的函数很容易举出, 如 $F(t,x) = |x|^4$.

在定理 7.4 中, 如果去掉 "$F(t,0) = 0$" 这一条件, 则有下列定理成立.

定理 7.5　如果条件 (H_{11}), (H_{13}), (H_{15}), (H_{19}), (H_{22}) 和 (H_{23}) 成立, 则问题 (7.1.1) 有无穷多解.

证明　为了应用引理 6.4 证明该定理, 在引理 6.4 中, 令 $E = H^1_{\Delta,T}$, $Y = H_2^+, X = H_2^- \bigoplus H_2^0$. 如同引理 7.3 和定理 7.4 的证明一样, 我们有 $E = X \bigoplus Y$, $\dim(X) < +\infty$, χ 为偶泛函, $\chi \in C^1(E, \mathbb{R})$ 满足条件 (C) 且存在 $\rho_{13}, \sigma > 0$ 使得

$$\chi|_{\partial B_{\rho_{13}} \cap Y} \geqslant \sigma, \quad \inf \chi(B_{\rho_{13}} \cap Y) \geqslant 0,$$

其中 $\partial B_{\rho_{13}} = \{u \in E : \|u\| = \rho_{13}\}$.

对空间 E 的有限维子空间 $\widetilde{E}$, 由 (7.3.28) 式知, 当 $u \in \widetilde{E}, \|u\| \to \infty$ 时, 有

$$\chi(u) \to -\infty.$$

因此, 对每一个 Y 的有限维子空间 Y_0, 引理 6.4 中的条件 (Φ_2) 成立. 另外, 由 $\dim(X) < +\infty$ 和 $\chi \in C^1(E, \mathbb{R})$ 知条件 (Φ_0) 也成立. 所以问题 (7.1.1) 有无穷多解. ■

7.4　小　　结

本章中, 我们以时标上的共形分数阶 Sobolev 空间 $H^\alpha_{\Delta;a,b}$ 为框架, 提出了研究时标上的共形分数阶脉冲阻尼振动问题解的存在性和多解性的新方法——变分方法. 我们给出了时标上的共形分数阶脉冲阻尼振动问

题 (7.1.1) 弱解的定义 (定义 7.1), 在空间 $H^{\alpha}_{\Delta;a,b}$ 上构造了问题 (7.1.1) 的变分泛函, 克服了脉冲项和阻尼项带来的困难, 应用临界点定理给出了问题 (7.1.1) 弱解的存在性的两个结果和解的多重性的两个结果, 并举例说明所给条件的合理性, 统一和推广了连续的整数阶脉冲阻尼振动问题 ($\mathbb{T} = \mathbb{R}, \alpha = 1$) 和离散的整数阶脉冲阻尼振动问题 ($\mathbb{T} = \mathbb{Z}, \alpha = 1$) 以及连续的共形分数阶脉冲阻尼振动问题 ($\mathbb{T} = \mathbb{R}, \alpha \in (0, 1)$) 和离散的共形分数阶脉冲阻尼振动问题 ($\mathbb{T} = \mathbb{Z}, \alpha \in (0, 1)$) 的研究.

参 考 文 献

[1] Hilger S. Analysis on measure chains—A unified approach to continuous and discrete calculus [J]. Res Math，1990, (18): 18-56.

[2] Hilger S. Differential and difference calculus—Unified [J]. Nonlinear Anal, 1997, (30): 2683-2694.

[3] Bohner M, Peterson A. Dynamic Equations on Time Scales: An Introduction with Applications [M]. Boston: Birkhäuser, 2001.

[4] Bohner M, Peterson A. Advances in Dynamic Equations on Time Scales [M]. Boston: Birkhäuser, 2003.

[5] Nordlund G. Time-scales in futures research and forecasting [J]. Futures, 2012, (4): 408-414.

[6] Sheng Q. An exploration of combined dynamic derivatives on time scales for computational applications [J]. Nonlinear Anal (Real World Appl), 2006, (7): 396-414.

[7] Zhang H T, Li Y K. Almost periodic solutions to dynamic equations on time scales [J]. Journal of the Egyptian Mathematical Society, 2013, (21): 3-10.

[8] Saker S H. Applications of opial inequalities on time scales on dynamic equations with damping terms [J]. Mathematical and Computer Modelling, 2013, (58): 1777-1790.

[9] Grace S R, Graef J R, Zafer A. Oscillation of integro-dynamic equations on time scales [J]. Applied Mathematics Letters, 2013, (26): 383-386.

[10] Friesl M, Slavík A, Stehlík P. Discrete-space partial dynamic equations on time scales and applications to stochastic processes [J]. Applied Mathematics Letters, 2014, (37): 86-90.

[11] Wang C. Existence and exponential stability of piecewise mean-square almost

periodic solutions for impulsive stochastic Nicholson's blowflies model on time scales [J]. Applied Mathematics and Computation, 2014, (248): 101-112.

[12] Deng X H, Wang Q R, Zhou Z. Oscillation criteria for second order nonlinear delay dynamic equations on time scales [J]. Applied Mathematics and Computation, 2015, (269): 834-840.

[13] Graef J R, Hill M. Nonoscillation of all solutions of a higher order nonlinear delay dynamic equation on time scales [J]. Journal of Mathematical Analysis and Applications, 2015, (423): 1693-1703.

[14] Yang L, Li Y K. Existence and exponential stability of periodic solution for stochastic Hopfield neural networks on time scales [J]. Neurocomputing, 2015, (167): 543-550.

[15] Zhou H, Zhou Z F, Jiang W. Almost periodic solutions for neutral type BAM neural networks with distributed leakage delays on time scales [J]. Neurocomputing, 2015, (157): 223-230.

[16] Hong S H, Peng Y Z. Almost periodicity of set-valued functions and set dynamic equations on time scales [J]. Information Sciences, 2016, (330): 157-174.

[17] Zhang S Y, Wang Q R, Kong Q K. Asymptotics and oscillation of nth-order nonlinear dynamic equations on time scales [J]. Applied Mathematics and Computation, 2016, (275): 324-334.

[18] Deng X H, Wang Q R, Zhou Z. Generalized Philos-type oscillation criteria for second order nonlinear neutral delay dynamic equations on time scales [J]. Applied Mathematics Letters, 2016, (57): 69-76.

[19] Hong S H, Peng Y Z. Almost periodicity of set-valued functions and set dynamic equations on time scales [J]. Information Sciences, 2016, (330): 157-174.

[20] Williams P A. Fractional calculus on time scales with Taylor's theorem [J]. Fractional Calculus and Applied Analysis, 2012, (15): 616-638.

[21] Benkhettou N, Hammoudi A, Delfim F M. Torres, Existence and uniqueness of solution for a fractional Riemann-Liouville initial value problem on time scales

[J]. Journal of King Saud University-Science, 2016, (28): 87-92.

[22]   Podlubny I. Fractional Differential Equations [M]. San Diego: Academic Press, 1999.

[23]   Benson D A, Wheatcraft S W, Meerschaert M M. Application of a fractional advection-dispersion equation [J]. Water Resour Res, 2000, (36): 1403-1412.

[24]   Lakshmikantham V, Vatsala A S. Basic theory of fractional differential equations [J]. Nonlinear Anal, 2008, (69): 677-2682.

[25]   Agarwal R P, Benchohra M, Hamani S. A survey on existence results for boundary value problems of nonlinear fractional differential equations and inclusions [J]. Acta Appl Math, 2010, (109): 973-1033.

[26]   Wang Z H, Liu R. Quasilinearization fractional differential equations with delayed arguments [J]. Applied Mathematics and Computation, 2014, (28): 301-308.

[27]   Ge F D, Kou C H. Stability analysis by Krasnoselskii's fixed point theorem for nonlinear fractional differential equations [J]. Applied Mathematics and Computation, 2015, (257): 308-316.

[28]   Wang J R, Zhou Y, Lin Z. On a new class of impulsive fractional differential equations [J]. Applied Mathematics and Computation, 2014, (22): 649-657.

[29]   Agarwal R P, Lupulescu V, Regan D O, Rahman G. Fractional calculus and fractional differential equations in nonreflexive Banach spaces [J]. Communications in Nonlinear Science and Numerical Simulation, 2015, (20): 59-73.

[30]   Zhao Y L, Chen H B, Qin B. Multiple solutions for a coupled system of nonlinear fractional differential equations via variational methods [J]. Applied Mathematics and Computation,2015, (257): 417-427.

[31]   Salgado G H O, Aguirre L A. A hybrid algorithm for Caputo fractional differential equations [J]. Communications in Nonlinear Science and Numerical Simulation, 2016, (33): 133-140.

[32]   Dassios I K, Baleanu D I. Duality of singular linear systems of fractional nabla

difference equations. Applied Mathematical Modelling, 2015, (39): 4180-4195.

[33] Li X L, Han Z L, Li X C. Boundary value problems of fractional q-difference Schrodinger equations. Applied Mathematics Letters, 2015, (46): 100-105.

[34] Benkhettou N, Hassani S, Delfim F M T. A conformable fractional calculus on arbitrary time scales. Journal of King Saud University-Science, 2016, (28): 93-98.

[35] Khalil R, Al Horani M, Yousef A, Sababheh M. A new definition of fractional derivative [J]. Journal of Computational and Applied Mathematics, 2014, (265): 65-70.

[36] Zhang S Q. Existence of a solution for the fractional differential equation with nonlinear boundary conditions [J]. Comput Math Appl, 2011, (61): 1202-1208.

[37] Zhao K H, Gong P. Positive solutions of Riemann-Stieltjes integral boundary problems for the nonlinear coupling system involving fractional-order differential [J]. Adv Difference Equ, 2014.

[38] Jiang W H. The existence of solutions for boundary value problems of fractional differential equations at resonance [J]. Nonlinear Anal, 2011, (74): 1987-1994.

[39] Jiao F, Zhou Y. Existence of solutions for a class of fractional boundary value problems via critical point theory [J]. Comput Math Appl, 2011, (62): 1181-1199.

[40] Rabinowitz P H. Minimax Method in Critical Point Theory with Applications to Differential Equations. CBMS Regional Conference Series in Mathematics, Amer. Math Soc Vol 65, Providence, RI, 1986.

[41] Mawhin J, Willem M. Critical Point Theory and Hamiltonian Systems [M]. Berlin: Springer-Verlag, 1989.

[42] Zhou J W, Li Y K. Sobolev's spaces on time scales and its application to a class of second order Hamiltonian systems on time scales [J]. Nonlinear Anal, 2010, (73): 1375-1380.

[43] Jiao F, Zhou Y. Existence results for fractional boundary value problem via critical point theory [J]. Int J Bifurcation Chao's 2012, (22): 1250086.

[44] Sh G. Guseinov, Integration on time scales [J]. J Math Anal Appl, 2003, (285): 107-127.

[45] Agarwal R P, Otero-Espinar V, Perera K, Vivero D R. Basic properties of Sobolev's spaces on time scales [J]. Advances in Difference Equtions, 2006, (2006): 1-14.

[46] Rynne B P. L^2 spaces and boundary value problems on time-scales [J]. J Math Anal Appl, 2007, (328): 1217-1236.

[47] 钟承奎, 范先令, 陈文嶂. 非线性泛函分析引论 [M]. 兰州: 兰州大学出版社, 1998.

[48] Ma S W, Zhang Y X. Existence of infinitely many periodic solutions for ordinary p-Laplacian systems [J]. J Math Anal Appl, 2009, (351): 469-479

[49] Li C, Ou Z Q, Tang C L. Three periodic solutions for p-Hamiltonian systems [J]. Nonlinear Anal, 2011, (74): 1596-1606.

[50] Berger M S, Schechter M. On the solvability of semilinear gradient operator equations [J]. Adv Math, 1997, (25): 97-132.

[51] Long Y M. Nonlinear oscillations for classical Hamiltonian systems with bi-even subquadratic potentials [J]. Nonlinear Anal, 1995, (24): 1665-1671.

[52] Rabinowitz P H. On subharmonic solutions of Hamiltonian systems [J]. Commun Pure Appl Math, 1980, (33): 609-633.

[53] Tang C L. Periodic solutions for nonautonomous second systems with sublinear nonlinearity [J]. Proc Am Math Soc, 1998, (126): 3263-3270.

[54] Xue Y F, Tang C L. Multiple periodic solutions for superquadratic second-order discrete Hamiltonian systems [J]. Appl Math Comput, 2008, (196): 494-500.

[55] Zhou J W, Li Y K. Variational approach to a class of p-Laplacian systems on time scales [J]. Advances in Difference Equations, 2013, (2013): 297

[56] Zhou J W, Li Y K. Existence of solutions for a class of second-order Hamilto-

nian systems with impulsive effects. Nonlinear Anal, 2010, (72): 1594-1603.

[57] Wang Q, Wang M. Existence of solution for impulsive differential equations with indefinite linear part [J]. Applied Mathematics Letters, 2016, (51): 41-47.

[58] Shu X B, Shi Y J. A study on the mild solution of impulsive fractional evolution equations [J]. Applied Mathematics and Computation, 2016, (273): 465-476

[59] Guo T L, Zhang K J. Impulsive fractional partial differential equations original [J]. Applied Mathematics and Computation, 2015, (257): 581-590.

[60] Wang J R, Zhou Y, Lin Z. On a new class of impulsive fractional differential equations [J]. Applied Mathematics and Computation, 2014, (242): 649-657.

[61] Chen L J, Chen F D. Dynamic behaviors of the periodic predator-prey system with distributed time delays and impulsive effect[J]. Nonlinear Anal Real World Appl, 2011, (2011): 2467-2473.

[62] Liu Z S, Chen H B, Zhou T J. Variational methods to the second-order impulsive differential equation with Dirichlet boundary value problem. Comput Math Appl, 2011, 61(12): 1687-1699.

[63] Cicho'n M, Satco B A. Sikorska-Nowak, impulsive nonlocal differential equations through differential equations on time scales [J]. Appl Math Comput, 2011, (218): 2449-2458.

[64] Xiao J, Nieto J J, Luo Z G. Multiplicity of solutions for nonlinear second order impulsive differential equations with linear derivative dependence via variational methods [J]. Commun Nonlinear Sci Numer Simulat, 2012, (17): 426-432.

[65] Carter T E. Necessary and sufficient conditions for optimal impulsive rendezvous with linear equations of motion [J]. Dynam Control, 2000, (10): 219-227.

[66] Pasquero S. On the simultaneous presence of unilateral and kinetic constraints

in timedependent impulsive mechanics [J]. J Math Phys, 2006, (47): 082903.19.

[67] Sun J T, Wu T F. Multiplicity and concentration of homoclinic solutions for some second order Hamiltonian systems [J]. Nonlinear Analysis, 2015, (114): 105-115.

[68] Li C, Ou Z Q, Wu D L. On the existence of minimal periodic solutions for a class of second-order Hamiltonian systems [J]. Applied Mathematics Letters, 2015, (43): 44-48.

[69] Li L, Schechter M. Existence solutions for second order Hamiltonian systems [J]. Nonlinear Analysis: (Real World Applications), 2016, (27): 283-296.

[70] Zhou J W, Li Y K. Variational approach to a class of second order hamiltonian systems on time scales [J]. Acta Appl Math, 2012, (117): 47-69.

[71] Luan S X, Mao A M. Periodic solutions for a class of non-autonomous Hamiltonian systems [J]. Nonlinear Analysis, 2005, (61): 1413-1426.

[72] Rabinowitz P H. Minimax methods in critical point theory with application to differetial equations [M]. CBMS Regional Conf Ser in Math, vol.65, American Mathematical Society. Providence, RI, 1986.

[73] Bartsch T, Ding Y H. Deformation theorems on non-metrizable vector spaces and applications to critical point theory [J]. Math Nachr, 2006, (279): 1267-1288.

[74] Rabinowitz P H. Periodic solutions of Hamiltonian systems [J]. Comm Pure Appl Math, 1978, (31): 157-184.

[75] He X M, Wu X. Periodic solutions for a class of nonautonomous second order Hamiltonian systems [J]. J Math Anal Appl, 2008, (341): 1354-1364.

[76] Meng F J, Zhang F B. Periodic solutions for some second order systems [J]. Nonlinear Anal, 2008, (68): 3388-3396.

[77] Wu X, Chen S X, Teng K M. On variational methods for a class of damped vibration problems [J]. Nonlinear Anal, 2008, (68): 1432-1441.

[78] Li X, Wu X, Wu K. On a class of damped vibration problems with super-

quadratic potentials [J]. Nonlinear Anal, 2010, (72): 135-142.

[79] Zhou J W, Wang Y N, Li Y K. An application of variational approach to a class of damped vibration problems with impulsive effects on time scales [J]. Boundary Value Problems, 2015, (2015): 48.